国家自然科学基金项目：宁夏西海固乡村建筑风貌地区营造研究（项目批准号：51968059）
宁夏回族自治区重点研发计划项目：宁夏装配式宜居农宅设计建（改）造及人居环境治理关键技术研究与示范（项目编号：2019BBF02014）

宁夏乡村规划整治与
宜居农宅设计图则

燕宁娜　　王晓燕　　赵振炜　　编著

中国建筑工业出版社

前言

为贯彻国家乡村振兴战略，加强宜居环境建设指导，规范村庄设计工作，传承历史文化，彰显村庄特色，加强农房建设风貌引导，规范农房设计，完善农房功能，提高农村住房质量水平，推进宁夏地区美丽乡村建设工作，实现产业带动、村容整洁、生态良好、乡愁留存的目标，制定本图则。

本图则是国家自然科学基金项目"宁夏西海固乡村建筑风貌地区营造研究"（项目批准号：51968059）和宁夏回族自治区重点研发计划项目"宁夏装配式宜居农宅设计建（改）造及人居环境治理关键技术研究与示范"（项目编号：2019BBF02014）研究成果之一。

在编制过程中，编者对宁夏各市县乡村建设进行了广泛深入的实地调研和美丽乡村规划文本、说明书、图纸等的详细研究，汲取了近年来西北地区特别是宁夏本地乡村建设的实践经验和科研成果，基于当地乡村实际现状与特质，力求集技术性、直观性、易读性为一体。

本图则包括规划篇和农宅篇，规划篇包括村庄规划整治基本原则、村庄规划与设计，以及村庄基础设施规划；农宅篇包括农宅设计原则及要求、农宅设计和设计图则。

目录

（一）本图则适用于宁夏回族自治区行政管辖范围内村庄规划、整治及农宅设计工作。

（二）村庄建设应当遵循"政府推动、农民自主，科学规划、分步实施，因地制宜、分类指导，尊重自然、适度集聚，传承发展、注重特色"的原则，科学引导美丽乡村建设，加强传统村落保护，改善人居环境，实现宁夏回族自治区村庄建设的可持续发展。

（三）村庄整治项目应包括安全与防灾、道路桥梁及交通安全设施、给水设施、排水设施、垃圾收集与处理、公共卫生和厕所改造、公共环境、村庄绿化、坑塘河道、村庄建筑、历史文化遗产保护与乡土特色传承、能源供应等。

（四）村庄规划整治应符合《宁夏回族自治区村庄规划编制指南（2023年修订版）》《宁夏回族自治区村庄规划编制管理暂行规定》（2022年1月1日起施行）等有关文件法规的相关规定。

（五）按照"安全、经济、适用、绿色"的原则，促进资源、能源节约和综合利用，保持地方风貌特色，改善生态环境，满足防灾减灾、抗震设防等需求。

（六）本图则主要适用于农村两层以下（含两层）居民自建住房的设计，三层农房可参考本图则。

（七）农房设计需贯彻执行国家、地方法律法规，应符合国家、地方相关的现行标准规范。

规 划 篇

1

村庄规划整治
基本原则

1.1 规划原则

（1）结合政策，科学规划

村庄规划整治应充分考虑国家政策和各地方政府相关政策，衔接土地利用规划、城镇体系规划、镇总体规划及其村庄布点规划等，根据当地的实际情况以及社会、经济发展水平、生产生活方式，结合村庄近远期发展目标，科学制定村庄整治规划，避免盲目大拆大建，提高规划的可行性。

（2）征求民意，尊重农民

规划整治的最终目的是改善农村人居环境，提高农民的生活生产水平，为农村的长远发展提供基础设施和空间环境。所以，规划要充分吸取广大农民的意见、尊重农民意愿、保护农民权益。村庄整治规划中，要明确农民的主体地位，"整治什么、怎么整治、整治到什么程度等问题应由农民自主决定"，严禁一切侵害农民权益的行为。

（3）因地制宜，符合实际

村庄规划整治要秉承因地制宜的指导思想，一切从实际出发，结合当地的自然环境、地形地貌，不应照搬照抄城市规划的模式，也不宜模仿不同地理环境村庄的整治规划，而是要探索出一条适合当地村庄发展的模式。"整治经费应符合政府支持的能力和村庄自筹的可能，切忌过于理想化，导致规划仅仅成为美丽的图画"。

（4）保护生态，凸显特色

村庄都有着特有的自然风貌、地理环境等，并且自然生态环境具有不可再生和不可替代的特性，村庄规划整治中应注重自然生态环境的保护。村庄整治要突出乡土特色，保留原有村落格局，保护古建民居，展现民俗风情，弘扬传统文化。对具有历史文化价值和研究意义的物质和非物质要素，如古建筑、古树、民风民俗、传统工艺等，要传承和弘扬。

（5）优化配置，集约高效

村庄规划整治要始终贯彻资源优化配置及集约高效利用的指导方针，充分利用已有条件和设施，坚持以现有设施的整治、改造、维护为主。要充分利用与村庄整治相适应的当地成熟的工艺、技术，优先采用当地原材料，本着合理、节约、高效的原则，利用有限的资源发挥最大效益，达到事半功倍的效果。

（6）远近结合，循序渐进

村庄规划整治要根据村庄的当下发展情况，结合村民实际的生产生活需求，合理制定不同时期的整治项目和目标。优先解决农民目前最急切、最关心的问题，如给水、污水处理、垃圾处理等问题，按照轻重缓急，并结合村庄经济可承受能力，循序渐进地进行项目整治，逐步完善村庄生产生活条件和人居环境。

1.2 技术方法

为了切实有效地落实村庄规划整治的各项内容。在村庄规划整

治时通过对规划体系的延伸，制定"规划—设计—建设—经营"一体化发展体系，在完成规划体系内容的基础上，强调乡土设计，将乡土材料、低能耗设计和废旧材料的利用与乡土设计的现代化相结合，设计出具有地域特征、适合乡村的实施方案；同时，按村民意愿、村庄发展的实际需求，制定分期分步的实施方案，并制定各项方案落地措施、产业发展运作方案、村庄长效经营模式等，以保障村庄能够在规划的指导下可持续发展。

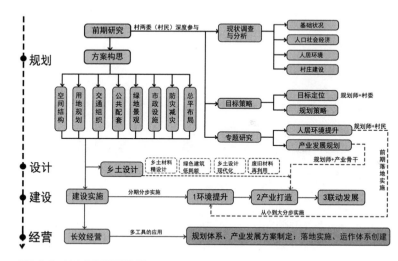

图1.2.1 村庄规划发展体系

1.3　实施策略

1.3.1　加强农村基层党组织建设

（1）扎实推进农村党支部建设标准化，以提升组织力为重点，突出政治功能，选择命名一批工作实、效果好、质量高、示范带动强的标准化党支部，进行示范引领，推动标准化建设向纵深发展。

（2）坚持以全方位、大力度解决当前农村基层党组织建设存在的突出问题为着力点，创新思路、改进方法、补齐短板、夯实基础，努力建设高素质基层党组织带头人队伍，严肃基层组织党内政治生活，进一步夯实基层党组织发挥作用的基础，不断增强基层党组织政治功能、提升组织力，为实施乡村振兴战略提供坚强组织保证。

1.3.2　深化村民自治实践

（1）完善村民自治组织功能，健全村民大会和村民代表会议制度，完善民主选举、民主协商、民主决策、民主管理、民主监督机制。村民委员会、村务监督委员会每年在村民大会上向全体村民报告工作。发挥群众自治组织在村级事务、公益服务、治安管理、纠纷调解、互助养老等方面的作用。

（2）丰富民主议事协商形式，借鉴"四议两公开"工作法

基本原理，规范村民议事程序，推广以村"两委"提议、村民议事会评议、村务监督委员会监督为主要内容的"两议一监督"议事协商机制。完善村民议事协商工作程序，采取电话、网络、会议、村民QQ群和微信群、乡村微信公众号、入户走访等多种形式，开展民主协商。充分听取"两代表一委员"、乡贤人士、致富带头人、在外务工人员等各方面的意见，增强村级事务决策的民主性和代表性。鼓励开展民情恳谈、村民说事、百姓论事、妇女议事等协商活动。

（3）推行村级事务公开制度，完善党务、村务、财务"三公开"制度，实现公开经常化、制度化和规范化。由乡镇指导，按照"应公开、尽公开"的要求，拓展细化公开内容，及时公开组织建设、公共服务、工程项目等重大事项。健全村务档案管理制度，加强村务公开监督检查。

1.3.3　建设法治乡村

（1）推进乡村依法治理，推动农业农村综合执法改革向基层延伸，规范执法程序，严厉打击和依法查处各类坑农害农行为。加强普法教育，提升农民群众法律意识和水平。指导基层组织依法制定规章制度和自治规范，为村务管理、民生事务、生产经营活动提供依据，倡导广大村民形成依法办事、议事、管事的良好风尚。

（2）加强平安乡村建设，加强乡村综治中心规范化建设，健全农村公共安全体系，强化农村安全生产、防灾减灾救灾、食品、

药品、交通、消防等安全管理责任。深入推进城乡社区警务工作，加强农村警务室建设。着力维护安全稳定的社会治安环境，不断增强人民群众的安全感和满意度。

（3）加大基层小微权力腐败惩治力度，推进农村巡察工作，持续纠正侵害群众利益的不正之风，坚决查处小微腐败行为。加大廉政教育和警示教育力度，通报典型案例，教育警示基层干部遵规守纪。

（4）强化农村法律服务供给，加强基层人民法庭建设，加强农村法律援助，建立律师联系乡村和贫困户制度，开通困难人员法律援助绿色通道。完善政府购买服务机制，扩大涉农法律援助和公证服务覆盖面，加强涉农司法鉴定工作，持续推进城乡基本公共法律服务均等化。

1.3.4　提升乡村德治水平

（1）践行社会主义核心价值观，深化社会主义核心价值观建设，推动社会主义核心价值观落细落小落实。运用新时代文明实践中心（站、所）、乡（镇街办）村（社区）综合文化服务中心、农家书屋等宣传教育阵地，利用乡镇集市贸易日、传统节日、假日和农闲时间，采取现场宣讲、文艺表演、远程教育、媒体传播等方式，广泛宣传社会主义核心价值观。借助道德讲堂平台，让先进典型现身说法，引导群众讲道德、守孝道、做好人。

（2）着力推进移风易俗，持续推进移风易俗行动，整治婚丧喜庆大操大办、厚葬薄养和封建迷信等不良习俗。加强农村公墓规划和建设，推进殡葬管理和改革。健全村规民约监督和奖惩机制，强化舆论监督和道德约束。

（3）大力培育文明乡风，以群众性精神文明创建活动为抓手，着力加强农村思想道德建设。

（4）加大农村公共文化服务供给，实施文化惠民工程，加强农村文化阵地建设和文化人才培养。深入研究农耕文化和红色文化，挖掘民间技艺、民俗活动等非物质文化遗产，着力打造宁夏乡村文化名片。加强历史文化名镇名村、传统村落、文物古迹、古树名木等遗产保护，留住有形乡村文化，探索文化与乡村旅游融合发展。实施公共数字文化智能服务项目，推动传统工艺品生产设计，培育乡村特色文化产业。

1.3.5　开展示范创建

在推进面上乡村治理的同时，同步开展市级乡村治理示范创建工程，为全市乡村治理探索模式、总结经验。各县（区）因地制宜制定创建方案，试点村镇制定年度工作计划，开展集成创建，树立全市乡村治理示范样板。

1.3.6　强化乡村治理组织保障

（1）加强组织领导，各级各部门党政一把手亲自抓、负总责，协调解决重大问题，将乡村治理工作纳入乡村振兴实绩考核。

（2）加强综合保障，加强乡村治理人才队伍建设，制定人才引进计划，分层分批开展村干部轮训。制定具体政策，引导农村致富能手、外出务工经商人员、高校毕业生、退役军人参与乡村治理。市县财政预算列支专项资金，加强乡村治理经费保障，对乡村治理示范村予以扶持。各级各类媒体开辟专栏，集中宣传有关政策，报道工作动态，选出推广典型，形成有力舆论引导。

（3）加强统筹调度，党委农村工作部门发挥牵头作用，强化统筹协调、指导落实和督导评估。组织、宣传、政法、民政、司法、公安等部门分工负责、协力落实。充分发挥妇联、残联和群团组织职能，调动一切有利因素参与乡村治理。

（4）强化为农服务，加大乡镇基本公共服务投入，扩大政府购买农村公共服务范围。加强乡镇便民中心和社区综合服务中心建设，建立综合服务平台，线上线下互动，为广大农民群众提供方便快捷的预约、咨询、代办和一站式服务。

2.1 村庄三生空间规划

当前，国家大力实施乡村振兴战略，村庄规划作为乡村振兴的重要抓手，对乡村发展的统筹引领作用更为凸显。国家乡村振兴战略提出分类推进乡村振兴，为各地探索编制符合地方实际的村庄规划指明了方向。立足于"三生空间"协调发展的总目标，分析宁夏区域村庄整治要点并编写村庄整治图则，是践行实用性村庄规划因地制宜编制理念的必然要求。本图则以宁夏全域村庄为例，按照"城郊融合、特色保护、集聚提升、撤并搬迁"四种类型，基于"三生空间"的视角，系统理清村庄"三生空间"及其存在的问题，提出了优化生态空间、强化生产空间、美化生活空间和深化"三生"融合的规划策略，以期为宁夏村庄规划的编制提供有益参考。

宁夏南北456公里，东西250公里，南部多山区丘陵，中部多土塬台地，北部多为灌区滩地。乡村三生空间规划，目的是实现地区资源利用和营造百姓宜居的生活环境、宜业的生产环境、安全的生态环境。规划应遵从村庄建设二十字方针要求，即"产业兴旺、生态宜居、乡风文明、治理有效、生活富裕"，注重生产、生活、生态三位一体，实现人与自然的和谐发展。乡村三生空间规划目标及内容如图2.1.1所示。

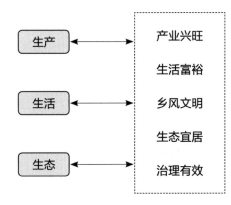

图2.1.1　乡村三生空间规划目标及内容

努力发展农村生产力，促进农民收入持续增长，大力加强农村基础设施建设，显著改善农民的生产生活条件

加快发展农村教育、医疗卫生和文化等社会事业，形成家庭和睦、民风淳朴、互助合作、稳定和谐的良好社会氛围

加强农村环境卫生整治，实施乡村美化建设，明显改善村容村貌

促进农村民主政治建设，不断提高农民的民主法制意识

2.1.1　城郊融合类

（1）生产空间

就"城郊融合类"村庄的生产空间而言，其产业发展动力就是与城镇经济社会相融合的。要明确这类村庄在相融城市（镇）的发展范围内与过程中，充当什么样的角色，并据此确定本村的产业发展定位，在与城市（镇）功能的互补中完成村庄产业的定位与升级。

（2）生活空间

就"城郊融合类"村庄的生活空间而言，尊重村庄肌理格局特征，乡镇企业和工业园区选址应避开自然界面完整、原生植被丰富的生态战略空间，以避免对村庄整体生境造成不可逆的影响；在规模、形态上也应与原有村落区分处理，不破坏村落的原有风貌和尺度；尽可能延续山、水、田、植被体系的连续有机形态，保持乡土特色，避免"非城非乡"。

（3）生态空间

就"城郊融合类"村庄的生态空间而言，按照乡村地形地貌、环境植被等具体地域特点引导村庄形态发展布局，在充分尊重文化传统、自然环境的基础上，形成显著区别于城市的乡村生态空间。

图2.1.2　城郊融合类村庄生产空间

图2.1.3　城郊融合类村庄生活空间

图2.1.4　城郊融合类村庄生态空间

2.1.2 特色保护类

（1）生产空间

村庄生产空间的引导应秉承因地制宜、就地取材、勤俭节约、寄托情思等传统乡村文明的建设原则，构建经济节约、生态友好的乡村。要控制村庄建筑密度，建筑密度不宜过高，自然要素（包括山川、河流等）等系统要留有一定的开敞空间；旅游型村庄要适度控制旅游开发强度，并使游览设施风格和体量与环境相协调。

（2）生活空间

村庄生活空间的引导要尊重与保护村庄的地方特色和文化遗产。体现乡土文化的街道、街巷、生活聚落空间应成规模保留，通过适度修缮、合理的功能置换，达到传播文化、延续文脉的作用。新建筑应融入原有村落肌理，尽可能沿用本土材质和特有元素，保证整体风貌的协调统一。

（3）生态空间

对于村庄整体环境，规划需注重环境保护和生态肌理的延续，主要可从景观生态格局、生物多样性两方面引导控制。①景观生态格局：严格控制建设行为对地形的破坏，保证地形地貌的完整性和连续性；尊重原有山水格局，协调村庄与周边环境的图底关系。②生物多样性：要对古树名木进行针对性保护，保持原生态的真实性；保护和更新村内的生态竹林、树林，发挥涵养水源的生态功能。

图2.1.5 特色保护类村庄生产空间

图2.1.6 特色保护类村庄生活空间

图2.1.7 特色保护类村庄生态空间

2.1.3　集聚提升类

（1）生产空间

村庄生产空间应鼓励发挥自身比较优势，强化主导产业支撑，支持农业、工贸、休闲服务等专业化村庄发展。应依托田园风光、乡土文化、民俗技艺等独特资源，从自身区位及周边可借势的资源角度出发，确定主导产业，构建一、二、三产业融合发展的产业集群。

（2）生活空间

北部川区：适宜发展"农田园林"新景观模式，利用农田、果园、花木基地等发展休闲观光农业。南部山区：应发挥在区域生态平衡中的作用，进行综合治理。生活聚落空间尽可能集约布局，整合现有资源，优化调整布局，重点进行环境整治和市政、公共服务等配套设施的建设。确立乡村风貌的景观主体，种植特色本土树种，丰富乡村景观、促进经济增长。

（3）生态空间

按照乡村地形地貌、环境植被等具体地域特点引导村庄形态发展布局，在充分尊重文化传统、自然环境的基础上，形成显著区别于城市的乡村空间。

图2.1.8　集聚提升类村庄生产空间

图2.1.9　集聚提升类村庄生活空间

图2.1.10　集聚提升类村庄生态空间

2.1.4 撤并搬迁类

（1）生产空间

就"撤并搬迁类"村庄生产空间而言。搬迁村庄要慎重选址，向条件优越的地区搬迁，避免二次搬迁。同时，将改善农民生存条件和提供农民就业出路统筹考虑，促进搬迁农民致富，并采取有效措施保护搬迁村农民和村集体的合法权益。

（2）生活空间

村庄生活空间的引导应考虑村庄的经济承受能力，以实用为出发点，合理布局，以满足乡村生活需要。对于农村居民点的迁并和风貌改造要谨慎，避免形式主义。

（3）生态空间

应合理安排建设时序，逐步引导村民向城镇或保留并重点发展的村庄聚集，将村庄搬迁与新型城镇化发展结合，原址进行城镇周边绿色空间建设或山区绿化建设，保持良好的城镇整体空间环境和建设容量。

图2.1.11 撤并搬迁类村庄空间1

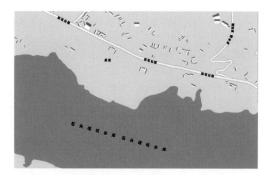

图2.1.12 撤并搬迁类村庄空间2

图2.1.13 撤并搬迁类村庄空间3

2.2 村庄设计

村庄设计是村庄规划整治过程中的深化阶段，旨在营造乡村风貌，彰显村庄特色，传承乡村历史文化。在设计过程中更加需要因地制宜、顺应自然、注重特色。

2.2.1 一般规定

（1）村庄设计应体现尊重自然、顺应自然、天人合一的理念，让村庄与自然环境交融，让村民望得见山、看得见水、记得住乡愁。

（2）尊重村庄传统的营造思想，充分考虑当地的山形水势和风俗文化，积极利用村庄的自然地形地貌和历史文化资源，塑造富有乡土特色的村庄风貌。

（3）村庄总体设计应当从空间形态和空间序列两个层面进行谋划和布局。

2.2.2 空间形态

村庄设计应从区域整体的空间格局维护和景观风貌营造的角度出发，通过运用视线通廊、对景点等视线分析的控制手法，协调好村庄与周边山林、水体、农田等重要自然景观资源之间的联系，形成有机交融的空间关系。按照宁夏地区村庄的自然条件以及所处位置，将村庄分为田园型、山地型、半城市化以及城市化四种类型，其空间形态设计要求见表2.2.1。

宁夏地区主要乡村类型及空间形态设计要求　　　　　　　　　　　　　　表2.2.1

乡村类型	田园型村庄	山地型村庄	半城市化村庄	城市化村庄
特点	产业以传统第一产业（农、林、渔）为主，地理位置以平地为主，具备较多的田园景观、自然景观资源，乡村性较为浓厚	产业以传统第一产业（农、林、牧）为主，地理位置以山地为主，具备一定的山地景观、田园景观，乡村性较为浓厚	位于城乡接合部，产业以第二产业、第三产业为主，农田、林地数量较少。村庄中新建建筑占80%以上，田园特色流失严重，乡村性较为薄弱	大部分位于城市建成区，产业以第二产业、第三产业为主，村庄中基本为新建建筑，已无乡村风貌

空间形态	带状、团块状	带状、散点状、团块状	带状、团块状	团块状
设计要点	①应用地集约，布局紧凑。充分利用田、林、湖和道路等因素，塑造内外渗透、相互交融、村民领域感强的边界。②宜采用网格形路网或鱼骨形路网。③宜采用密度较高的建筑肌理，不应出现简单均质化的建筑肌理。④应通过建筑高度来塑造良好的空间形态，可通过屋顶形式的改变或在局部利用高大的树、塔等标志物形成制高点，以丰富整体平缓的村庄天际线	①应充分利用自然地形，营造良好的空间形态。②村庄宜顺应地形等高线及坡向，采用自由式路网或鱼骨形路网，不宜采用网格形路网。③建筑群体组合应充分反映出地形地势的特点。地形起伏大的村庄可采用建筑密度较低的建筑肌理。④村庄可依山就势，空间上形成层层叠落的村庄形态	①应用地集约，布局紧凑。②以环境整治提升为重点，坚持原生态环境的尊重与保护，营造凸显乡土和地域特色的空间形态。③宜采用密度较高的建筑肌理，但要避免城市同质化。④尚留存乡村性的重点节点，应采用乡土材料点缀式塑造	①以实现垃圾污水治理、完成宜居环境建设为重点。②垃圾、污水应纳入城市环卫、市政系统进行处理。出租屋密集的村落应着重做好消防管网建设。③尚留存的寺庙、古民居、古树节点，应作为乡村历史痕迹，采用乡土材料重点塑造
图片示例	带状类村庄布局示意图	带状类村庄布局示意图	团块类村庄布局示意图	团块类村庄布局实际图

| 图片示例 | 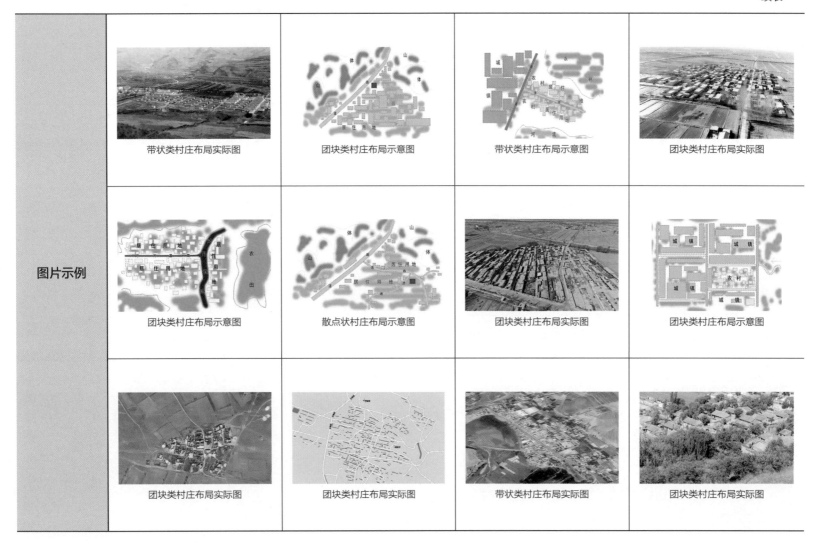 |

带状类村庄布局实际图　　团块类村庄布局示意图　　带状类村庄布局示意图　　团块类村庄布局实际图

团块类村庄布局示意图　　散点状村庄布局示意图　　团块类村庄布局实际图　　团块类村庄布局示意图

团块类村庄布局实际图　　团块类村庄布局实际图　　带状类村庄布局实际图　　团块类村庄布局实际图

2.2.3 空间序列

（1）轴线设计可采用空间抑扬、收敛、虚实对比与空间调和、空间衔接与过渡的设计手法，形成空间形态与空间尺度的变化，增强空间趣味性。山地型村庄应顺应地形和地势走向组织轴线，坡度急缓结合。在轴线急剧转折或长距离坡道中间设置休憩观景节点。

（2）村庄入口及轴线的选择应综合考虑周边自然地形、水系、农田、古树名木等自然因素，形成人工景观与自然景观相互交融的格局。

①轴线宜结合村民生产、生活的主要通行道路，优先选择有较好的景观风貌、适宜的空间尺度且适合步行的道路。

②轴线路径宜依山就势，营造步移景异的空间风貌，不宜缺乏层次和变化的平铺直叙。

③轴线宜结合山峰、塔等制高点，或水景、纪念性建筑物等风景点进行组景。

（3）空间序列由轴线和节点组成，轴线以道路、河网等为依托，串联村庄入口、重要的历史文化遗存、重要的公共建筑及公共空间等节点，形成完整的空间体系。

图2.2.1 宁夏镇北堡镇华西村移民村采取方格网式轴线布局

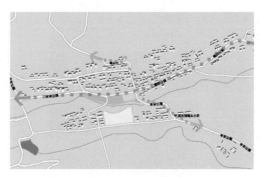

图2.2.2 村庄轴线设计沿主要道路收缩有度布局

图2.2.3 村口结合当地特色突出空间进行农产特色节点打造

（4）轴线界面设计重点应根据介质的不同而区别对待。街道界面应重视连续性和韵律感，提高沿街建筑贴线率。滨水界面应突出生态性和亲水性，沿山界面应突出自然性和生态性，避免过度的人工干预，应充分重视乡土植物和地方性建材的选用，以及传统建造和绿化方式的应用。

（5）节点设计应体现空间序列整体控制要求。村庄入口可设计具有突出视觉标志性的空间或实体，构建视觉中心，形成鲜明的村庄门户形象。在轴线沿线特别是道路交叉点和容易迷失方向的关键点宜通过道路尺度、铺地、绿化、建筑元素、路标和指示牌等强化特定空间序列的导向性。

图2.2.4 轴线界面设计1

图2.2.5 轴线界面设计2

图2.2.6 村庄入口设计文化广场，形成视觉聚焦

2.2.4 山水林田界面

（1）山林界面——处理好地形与建筑之间的关系，形成"相互融合"的村庄界面，营造"相互渗透"的和谐聚落景象。

①禁止违禁的开采行为，注重景观的修复、植被的再种植，以保持生态的稳定性。

②应保护景观界面的完整性，控制乡村发展的趋势，在建设上减少对景观的破坏。

③宜在村庄外观视线界面上，注重建筑、植被的层次关系，适当地种植一些植物，丰富乡村景观界面。

（2）河流水系界面——发掘乡村原有的自然风景，营造"塞上江南"的独有特色，达到人、建筑、景观的共生。

①禁止破坏乡村环境如填池盖房、生活污水随意排放等行为。

②在村庄的河道附近增设河水缓流区域，疏通村庄流水系统，从而增加村庄的防洪功能。

（3）农田界面——注重田地与林地的保护，加强田地与林地、建筑的和谐性生长，营造"建筑、林地、农田共生"的乡村田园风貌。

①禁止在国家规定的基本农田上进行建设，对于已经建设的违建建筑予以拆除。

②不宜选用与当地水土不相适应的作物，以免破坏生态，造成土地浪费。

③应合理地控制乡村建设，防止乡村的扩建影响原有的林田风貌，应保持建筑与林田界面的完整性。

图2.2.7　山林界面

图2.2.8　河流水系界面

图2.2.9　农田界面

2.2.5　村庄交往空间

村庄交往空间设计包括村口空间、公共广场、街巷节点空间和道路空间设计。

（1）村口空间

田园型村庄可利用原有历史构筑物或小型入口广场等方式强调入口的空间感，需彰显村庄的文化品牌，并与整体风貌相协调。采用广场形式的村口空间应避免大面积水泥的滥用，推荐使用透水性佳的铺装材料，提倡使用乡土材料，如条石、砖块等，铺装的图案应和村庄风貌相协调，以体现本村风土人情为佳。山地型村庄可在进村口利用古树名木或既有塔、碑、石等构筑物打造出村庄依山而上的序列感。不推荐在入村主路新建尺度夸张、比例失调的（跨路）牌坊等构筑物。

（2）公共广场

①中国传统乡村一般不专门建造公共广场，多依附于其他功能存在，例如宗祠堂、戏台或村中大树的周边空地会自然形成集散地，可将它们改建为公共广场，加设花台、坐具、灯具等小品，提升空间的使用性；村民活动中心、文化大讲堂等公共建筑周边可梳理或配建公共广场，成为村民操办红白喜事和举办重要民俗活动的场所。

②公共广场应考虑合适的硬地比例和绿化形式，不宜过度铺装；中心位置宜开敞，边角处宜有树荫并设有坐具；公共广场也可与村民健身设施组合布置。

③应在公共广场的适当位置设置车挡，保障村民在广场内的使用安全。

图2.2.10　村口空间1　　　　**图2.2.11　村口空间2**　　　　**图2.2.12　活动广场**　　　　**图2.2.13　文化广场**

（3）街巷节点空间

①传统街巷节点是村民邻里交往的天然场所，应加以梳理；背靠墙体设置遮蔽物和坐具可使邻里空间更具有亲和力及归属感；或使用花台树池等小品制造视线焦点，使之更具有观赏性；村内宅间荒地应充分利用，加以梳理改造后可成为新的邻里交往场所。

②村落的街巷应具有合适的高宽比，节点处避免压抑，适当开敞；街巷道路的院墙也不宜过长、过实、过于均质，需设定其合理的高度，优先使用镂空花墙等隔断手法，虚实相间、内外空间相互渗透，并增加节点处的视线焦点。

③山地型村庄可在依山而上的街巷中设置节点空间，空间宜适当开敞，地面宜平整，配合坐具、绿化或遮阳构成村民休憩交流的空间；铺地避免大面积使用水泥浇筑。

（4）道路空间

农村公路应顺应地形，串联周围山林、农田、溪流、村落等元素，景观应富于变化。生活性街道应选择合适的道路硬化方式，在保留原始丰富路面材质的基础上增加其安全性（防滑、人车分道等），完善市政功能（排水、管道敷设等）。

图2.2.14　街巷空间1

图2.2.15　街巷空间2

图2.2.16　道路空间1

图2.2.17　道路空间2

2.2.6 公共环境

（1）村庄公共环境整治应遵循适用、经济、安全和环保的原则，恢复和改善村庄公共服务功能，美化自然与人工环境，保护村庄历史文化风貌，并应结合地域、气候、民族、风俗营造村庄个性。

（2）村庄公共环境整治应覆盖村庄建设用地范围内除家庭宅院外的全部公有空间，包括河道水塘、水系整治，晾晒场地等设施整治，建设用地整治，景观环境整治，公共活动场所整治及公共服务设施整治等内容。

注：
除农宅和宅院外，我们能够看到的自然要素和人工要素，统称为公共环境。

| 村委会 | 活动广场 | 文化广场 | 田野 | 田间道路 |

| 古建筑1 | 水库 | 沟渠 | 道路 | 古建筑2 |

图2.2.18 田野、河流和坑塘水库、农林植物和野生植物、公共建筑、道路、桥梁、公共服务场所、风景名胜

（3）村庄内闲置房屋与闲置建设用地的改造和利用

①闲置的安全可靠的集体用房，应根据其特点加以改造利用。闲置旧农宅，质量好的可另行安排住户；存在安全隐患的，应予以拆除。

②可采取土地置换或房屋置换的方法，将闲置房屋或闲置建设用地适当集中，以提高村庄建设用地的使用效率。

③闲置场地整治：利用不宜建设的废弃场地，布置小型绿地。

（4）村庄景观环境

①街巷整治：采用绿化等手法适当美化街道两侧，拆除街巷两侧乱搭乱建的违章建筑及其他设施。

图2.2.19 整治前

图2.2.20 整治后1

图2.2.21 整治后2

图2.2.22 村庄景观环境整治前1

图2.2.23 村庄景观环境整治后1

图2.2.24 村庄景观环境整治前2

图2.2.25 村庄景观环境整治后2

②村庄重要场所可布置环境小品，应简朴亲切，以农村特色题材为主，突出地域文化民族特色。

（5）村庄公共活动场所

①公共活动场地宜靠近村委会、文化活动广场等公共活动集中的地段，也可根据自然环境特点，选择村庄内水体周边、坡地等处的宽阔位置设置。

②公共活动场地上下台阶处应设置缓坡，方便老人及行动不便者使用。

图2.2.26　环境小品意向图1

图2.2.27　环境小品示意图2

图2.2.28　公共场所意向图

图2.2.29　公共活动场所设置缓坡

③已有公共活动场地的村庄应充分利用和改善现有条件，满足村庄居民生产生活需要；无公共活动场地或公共活动场地缺乏的村庄，应以改造利用村内现有闲置建设用地作为公共活动场地的主要整治方式，严禁以侵占农田、毁林填塘等方式大面积新建公共活动场地。

④公共活动场地整治时应保留现有场地上的高大乔木及景观良好的成片林木、植被，保证公共活动场地的良好环境。

⑤公共活动场地可配套设置坐凳、儿童游玩设施、健身器材、村务公开栏、科普宣传栏及阅报栏等设施，提高综合使用功能。

⑥公共活动场地应平整、畅通、无坑洼，雨雪天无积水、不淤泥，便于使用，条件允许的村庄可设置照明灯具。

⑦公共活动场地可根据村民的使用需要，与打谷场、晒场、非危险品的临时堆场、小型运动场地及避灾疏散场地等合并设置。当公共活动场地兼作村庄避灾疏散场地使用时，应符合有关规定。

图2.2.30 公共活动场所整治前

图2.2.31 公共活动场所整治后

图2.2.32 村务公开栏

图2.2.33 科普宣传

图2.2.34 坐凳1

图2.2.35 坐凳2

（6）庭院绿化

庭院绿化的方式：高大乔木种植在院墙边和大门口，不要影响住宅采光；集中在院内大树下种植低矮乔木或灌木；除入宅小径外，全部种植果蔬和花草，无裸露土地；墙内种植的乔木在成熟后高于墙头，垂帘于墙外；灌木，特别是藤科植物，应当可以延伸到墙外；墙头种植藤科花草。

（7）道旁绿化

①有些道旁树是为了遮掩一下私人庭院，以获得私密性；而对于那些道口场地，栽种了高大的行道树，由政府出资和管理，属社会财产。

②对于那些狭小的街巷，不可能形成一个线性的绿带，于是，在路段的某些节点上，制造出一些绿色的"中断"，从而在高墙之间也形成有变化的绿色空间。

③使用灌木作为绿化主体树种，因为灌木没有明显的主干，呈丛生状态，不会给人以杂乱的感觉。

④对非主干道的绿化，可以动员各家各户共同参与，使用灌木和藤类植物，改变街巷的绿化方式。至于主干道，仍然以传统方式绿化，在可能的场地，增加灌木的配置比例，逐步调整成乔灌草协调道旁绿化的方式。

图2.2.36 庭院绿化1

图2.2.37 庭院绿化2

图2.2.38 道旁绿化1

图2.2.39 道旁绿化2

图2.2.40 道旁绿化3

2.2.7 景观小品设计

村庄景观小品包括标识系统、坐具、废物箱、花坛树池、挡土墙、路灯及景观灯等内容。

村庄景观小品   表2.2.2

①标识系统	②坐具	③花坛树池	④挡土墙	⑤灯具
村务公开栏（包括普法宣传栏和阅读栏）应设置在村民文化讲堂、村委会或活动中心等重要的公共建筑旁，需清晰明确，满足近观需要；位置标识应简洁清晰；导向标识的指示应明确无歧义，需放置在醒目恰当的位置；同类标识宜风格一致，材料应尽可能选择木、石等乡土材料	应选择适合的位置摆放坐具：即上有树木遮荫，前有景观可赏，后有树丛（或墙体）依托；也可与树池花坛或低矮景墙（挡土墙）结合布置；优先使用乡土材料；应方便清洁	样式众多，常布置在入口、广场或道路旁等，起到突出重点、美化装饰的作用；材料宜结合文化元素，优先使用乡土材料，也可与坐具、挡土墙等结合布置	挡土墙从形态上分为直墙式和坡面式；公路挡土墙可使用预制混凝土块种植草皮或浆砌石等材料；村庄中多使用毛石或条石垒砌，需注意砌缝的交错排列方式和宽度，可不勾缝以展现野趣；也可使用天然石块加筋格宾，石块间会有植物自然生长；挡土墙应设排水孔，超过一定宽度应设伸缩缝。山地型村庄的挡土墙可考虑与垂直绿化结合，以获得更多的绿化覆盖率	灯具的选择应考虑功能、照度、景观效果等诸多方面，并尽可能选用节能灯具，条件具备的情况下推荐选用太阳能灯具；灯具的外形应体现乡村元素
村庄标识	坐具	树池	坡面式挡土墙	路灯

2.3 历史文化遗产与乡土特色

村庄整治中应严格、科学保护历史文化遗产和乡土特色，延续与弘扬优秀的历史文化传统和农村特色、地域特色、民族特色。依据《宁夏回族自治区村庄规划编制指南（试行）》（2020年3月），在对村庄进行历史文化传承及保护时，应当首要落实乡村历史文化保护范围界线，深入挖掘乡村历史文化资源；对于宁夏地区的历史文化名村和各级文物保护单位，应按照相关法律的规定划定保护范围，严格进行保护。

2.3.1 历史文化遗产

村庄中的文化遗产留存有大量不可再生的历史信息，是村庄历史文化的重要载体，是传承至今的宝贵文化资源，是全体村民的共同遗产和精神财富。

古建筑及历史纪念建筑物

图2.3.1 同心清真大寺　　图2.3.2 海宝塔　　图2.3.3 中卫高庙　　图2.3.4 西夏王陵

岩画　　　　古建筑

图2.3.5 贺兰山岩画景区入口　图2.3.6 太阳神岩画　　图2.3.7 108塔　　图2.3.8 玉皇阁　　图2.3.9 须弥山石窟

2.3.2　历史文化遗产的保护

（1）在历史文化遗产与乡土特色保护范围内实施村庄整治，必须严格限定土层扰动深度，严禁破坏地下遗存房屋和构筑物建设；沼气池、排水沟、道路等基础设施建设，以及绿化种植土层扰动深度不应大于地下遗存的考古文化层埋深，严禁扰动和破坏地下遗存；水电管线敷设、道路铺设等村庄基础设施建设工程，应避让、绕行文化遗产，严禁以穿凿、掏挖、压占等方式直接穿越破坏文化遗产；设施形象应注重与文化遗产的历史环境风貌相和谐。

（2）严禁在历史文化遗产与乡土特色保护范围内随意破坏或改变文化遗产的现状遗存。严禁随意拆除濒危或废弃的传统建筑、人工历史环境要素。

　①历史遗存类

　②建（构）筑物

　建（构）筑物特色风貌的保护措施，重点在于外观特征保护和内部设施改善；特色场所的保护措施，重点在于空间和环境保护。

　③自然景观特色

　自然景观特色的保护措施，重点在于自然形貌和生态功能保护。

（3）保护区内的建筑整饰，不得破坏、改变文化遗产的现状遗存。

（4）保护区内的建筑尺度、规模及环境景观整治，不得对文化遗产的保存造成安全威胁或不良影响。

图2.3.10　历史遗存建筑1

历史遗存类的保护措施，重点在于尽可能使遗存得到真实和完整的保存。

图2.3.11　历史遗存建筑2

2.3.3 乡土特色保护

历史文化遗产的周边环境应实施景观整治，周边的建（构）筑物形象和绿化景观应保持乡土特色并与历史文化遗产的历史环境和传统风貌相和谐。

（1）村庄历史环境要素

（2）村庄自然环境要素——村庄周边具有历史文化价值或本土地域特征的自然物。

（3）村庄中需保护的建筑类型：村庄中具有明显地域乡土特色的建筑。

图2.3.12 古长城1

图2.3.13 古长城2

图2.3.14 古塔

图2.3.15 古寺庙

图2.3.16 古井

图2.3.17 古桥

图2.3.18 山体1

图2.3.19 山体2

图2.3.20 农田

图2.3.21 古树

图2.3.22 湖泊

图2.3.23 庙宇1

图2.3.24 庙宇2

图2.3.25 剧场

图2.3.26 影壁

图2.3.27 当地特色民居1

图2.3.28 当地特色民居2

图2.3.29 商铺1

图2.3.30 商铺2

图2.3.31 乡村民宿1　　　　图2.3.32 乡村民宿内部　　　　图2.3.33 乡村民宿大门　　　　图2.3.34 乡村民宿2

村庄格局和乡土风貌——尚在使用中的乡村传统的或具有本土地域特征的民居。

（4）保护传统村庄格局与乡土特色

传统村落和乡村风貌的价值是多元且不可替代的。传统村落的空间格局、邻里关系、乡土特色传承着中华民族的历史记忆、生产生活智慧、文化艺术结晶和民族地域特色。对传统村落的保护应遵循"在保护中利用，在利用中保护"的原则，实现从静态保护向活态传承转变。

①村庄格局：遵循村落格局肌理的演变规律，划定集中成片的空间单元，以点带面，整体保护；突出持续发展，适当引入新功能，实现活态的利用传承。

②空间尺度：村庄道路与用地布局自然灵活，公共空间为村民

传统山村为紧凑簇团格局。

图2.3.35 传统村庄格局

新山村超越了传统村庄的格局，呈蔓延形态。

图2.3.36 新村庄格局

日常使用，应符合村民生产生活活动尺度。

③传统村庄的主要道路适合于步行。

④历史文化遗产周边的绿化配置宜采用自然化的手法。材料选择要同时具备可识别性和环境和谐性。

⑤花坛、路灯、公共休息坐凳、地面铺装等景观设施在外形上应尽可能简洁，起到陪衬作用，避免喧宾夺主。

图2.3.37　传统村庄1

发展

新住宅基本没有改变民族特色风貌。

图2.3.38　新村庄1

图2.3.39　传统村庄2

发展

新村庄的主要道路适合于机动车辆。

图2.3.40　新村庄2

图2.3.41　历史文化遗产1

图2.3.42　历史文化遗产2

图2.3.43　花坛

图2.3.44　路灯

3 村庄基础设施 规划

3.1 道路桥梁及交通安全设施

（1）道路桥梁及交通安全设施整治应遵循安全、适用、环保、耐久和经济的原则。

（2）道路桥梁及交通安全设施整治应利用现有的条件和资源，通过整治、恢复或改善道路的交通功能，使村庄道路布局科学合理。

（3）道路桥梁及交通安全设施整治应按照规划、设计、施工、竣工验收及养护管理阶段分步进行。

3.1.1 道路工程：道路分类及其街坊道路的铺装

（1）主要道路引导重点

主要道路是将村庄内各条道路与村庄出入口连接起来的道路，解决村庄内部各种车辆的对外交通。主要道路承担交通量较大，路面宽度不宜小于4m。

①边沟可采用暗排形式，或采用干砌片石、浆砌片石、混凝土预制块等明排形式。

图3.1.1　主要道路

图3.1.2　主要道路边沟

图3.1.3　道路两侧

②路面铺装材料应因地制宜,宜采用沥青混凝土路面、水泥混凝土路面、块石路面等形式。

③平原区排水困难,或多雨地区,宜采用水泥混凝土路面。

(2) 次要道路引导重点

次要道路是村庄内部各区域与主要道路的连接道路,起集散交通作用,兼有服务功能。次要道路承担交通量较小,路面宽度不宜小于2.5m。路面宽度为单车道时,可根据实际情况,设置必要的错车道。路面铺装可采用沥青混凝土路面、水泥混凝土路面、块石路面及预制混凝土方砖路面等形式。

(3) 街巷道路引导重点

街巷道路是村民宅前屋后与次要道路的连接道路,以服务功能为主。宅间道路承担交通量最小,仅供非机动车及行人通行,路面宽度不宜大于2.5m。

街巷道路路面铺装宜采用水泥混凝土路面。当然,石材路面、预制混凝土方砖路面、无机结合料稳定路面及其他适合的地方性材料更好,也可通过各种不同材料的组合、拼砌花纹,组成多种不同风格样式的铺装形式。

图3.1.4 次要道路两侧

图3.1.5 次要道路

图3.1.6 次要道路绿化

图3.1.7 次要道路排水

图3.1.8 街巷道路1

图3.1.9 街巷道路2

图3.1.10 街巷道路3

图3.1.11 街巷道路4

（4）道路设计要点

①村庄道路标高宜低于两侧建筑场地的标高。否则，雨水会进入房屋，长此以往，会损坏房基，产生严重后果。

②横坡度应根据路面宽度、面层类型、纵坡及气候等条件确定，坡度值在1%～3%。

③平原地区村庄道路主要依靠路侧边沟排水，切不可让垃圾、柴草或堆肥堵住了道路排水，以免损坏路面和路基。

图3.1.12 雨水损坏路面

图3.1.13 雨水损坏路基

图3.1.14 道路有坡度1

图3.1.15 双面坡

图3.1.16 单面坡

图3.1.17 道路排水1

图3.1.18 道路排水2

图3.1.19 道路有坡度2

④山区村庄道路可利用道路纵坡自然排水。遇有特殊困难道路，当纵坡大于3.5%时，应采取必要的防滑措施，如礓磋路面、路面拉毛、路面刻槽等。

⑤当村庄道路路堤边坡较高时，坡面容易受到地表水的冲刷，造成边坡失稳，影响路基的强度和稳定，应采取边坡防护措施，如干砌片石、浆砌片石、植草砖、植草等多种形式。

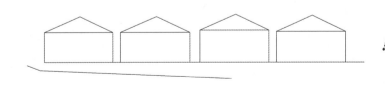

村庄道路纵坡应控制在0.3%～3.5%。

图3.1.20 道路纵坡

图3.1.21 道路路基处理

⑥村庄道路采用水泥或沥青路面的，路基压实度应符合表3.1.1的规定。如果没有压实，则道路损坏会相当迅速，如图3.1.22、图3.1.23所示。

⑦路面结构层应根据当地自然条件、地产材料和工程投资等情况确定，结构层最小厚度可参照表3.1.2规定的各类路面结构层最小厚度。

⑧混凝土路面结构处理不好，既浪费材料，也达不到道路通畅的效果，同时还影响雨水渗漏，导致生态衰退。

⑨地方材料的路面施工简单，维修容易，且渗水性能好，对生态影响不大。宅间道路可选此类材料，忌铺水泥。

路基压实度 表3.1.1

填挖类别	零填及挖方	填方	
路床顶面及以下深度（m）	0~0.3	0~0.8	>0.8
压实度（%）	≥90	≥90	≥87

各类路面结构层最小厚度 表3.1.2

路面形式	结构层类型	结构层最小厚度（cm）
水泥路面	水泥混凝土	18.0
沥青路面	沥青混凝土	3.0
	沥青碎石	3.0
	沥青贯入式	4.0
	沥青表面处治	1.5
其他路面	砖块路面	12.0
	块石路面	15.0
	预制混凝土方砖路面	10.0
路面基层	水泥稳定类	15.0
	石灰稳定类	15.0
	工业废渣类	15.0
	柔性基层	10.0

注：表中数值符合交通部《农村公路建设暂行技术要求》中的有关规定。

图3.1.22 路基发生损坏

图3.1.23 路基破损

图3.1.24 道路路基处理1

图3.1.25 道路路基处理2

（5）宅间道路整治

道路铺装可选用石材路面，既能达到一定美观程度，并且起到水源涵养的作用，从而在一定程度上保护了生态。

（6）道路整治：路肩培筑和清理路边杂物

①行车速度大于或等于40km/h时，应设硬路肩。硬路肩铺装应具有承受车辆荷载的能力。硬路肩中路缘带的路面结构与机动车车行道相同，其余部分可适当减薄。不设硬路肩时，路肩宽度不小于1.25m。

②保护性路肩为土质或简易铺装。村庄道路路面宽度及铺装形式应满足道路功能的不同要求，并有所区别。路肩宽度可采用0.25～0.75m。

图3.1.26 宅间道路没有铺装，需要整治铺装

图3.1.27 石材路面1　　图3.1.28 石材路面2

图3.1.29 处理后的路肩1　　图3.1.30 处理后的路肩2　　图3.1.31 土质路肩　　图3.1.32 简易路肩路面

③采取边沟排水的道路应设路面外路肩（包括路缘带）及保护性路肩。

图3.1.33 路肩设边沟排水

图3.1.34 清理路肩上的杂物

图3.1.35 清理后的路肩

图3.1.36 如果种上树和草，比在路边垒上花墙要节约成本，还安全、美观

图3.1.37 清理挤占在路肩上的建筑物，形成交通安全缓冲区

图3.1.38 路肩需保持土质，宜种上树木花草，不要再进行硬化处理

3.1.2　道路整治：交通安全设施

①道路交通安全设施一般包括：交通标志、交通标线、交通防护设施等。

②当公路穿越村庄时，应设置宅路分离设施，如宅路分离挡墙、护栏等；还可在村口适当处设置村庄标志。

③村庄道路通过学校、集市、商店等人流较多路段，应设置限制速度、注意行人等标志，并设置减速坎、减速丘等设施，同时配合施画人行横道线，也可根据需要设置其他交通安全设施。

④村庄道路建筑界限内严禁堆放杂物、垃圾，并应拆除各类违章建筑。

图3.1.39　道路交通标线

图3.1.40　道路交通防护1

图3.1.41　简易路肩路面

图3.1.42　道路交通防护2

图3.1.43　道路交通标志

图3.1.44　整治后的道路1

图3.1.45　整治后的道路2

图3.1.46　整治后的道路3

图3.1.47 清理道路上的垃圾1

图3.1.48 清理道路上的垃圾2

图3.1.49 清理道路上的垃圾3

3.1.3 道路两侧立面整治

街坊路两侧的外墙使用当地乡土材料（如自然石材等）垒砌而成，以形成独特的街景，体现各地农家风貌。墙体采用自然色彩，凸显原生态特色。

图3.1.50 道路两侧的外墙使用自然石材1

图3.1.51 道路两侧的外墙使用自然石材2

图3.1.52 将院落里的"绿"引到街上来，有人称之为"绿篱"。其实防盗的效果比起砖墙也不差，绿化效果比砖墙好很多

图3.1.53 在外墙处圈出一定范围，可以种树和草，比在路边垒花墙要经济，且安全、美观

图3.1.54 为了一致性，外墙涂上了白色，或写上了标语，干净、整洁，不失为一种实现村庄整洁的办法，但是却少了一些绿色

3.2 安全与防灾

3.2.1 村危整治应综合考虑火灾、洪灾、震灾、风灾、地质灾害、雪灾和冻融灾害等的影响，贯彻预防为主，防、抗、避、救相结合的方针，坚持灾害综合防御、群防群治的原则，综合整治、平灾结合，保障村庄可持续发展和村民生命安全。

3.2.2 村庄现状用地中的下列危险地段，禁止进行农民住宅和公共建筑建设，应采取有效措施减轻场地破坏作用，满足工程建设要求。对潜在危险性或其他限制使用条件尚未查明或难以查明的建设用地，应作为限制性用地：

（1）可能发生滑坡、崩塌、地陷、泥石流的场所；

（2）发震断裂带上可能发生地表错位的部位。

图3.2.1 泥石流

图3.2.2 滑坡

图3.2.3 地面断裂

图3.2.4 历史的行洪河道

图3.2.5 现在的行洪河道

泥石流灾害的治理是在泥石流的形成、流通、堆积区内，采取相应的治理工程，如蓄水、引水工程，拦挡、支护工程，排导、引渡工程，停淤工程及改土护坡工程等，以控制泥石流的发生和危害。

①治水工程

利用蓄水、引水和截水等工程控制地表洪水径流，削减水动力条件，使水土分离，稳定山坡。辅之少量拦挡、排导工程，稳定部分土体，适用于水力泥石流沟的治理。

②排导和拦挡工程

利用排洪道、渡槽等工程，排泄泥石流，控制泥石流的危害。流通区沟谷内，其主要类型包括拦沙坝（实体重力坝）和格栅。

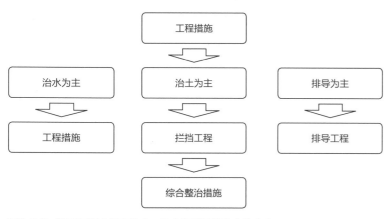

图3.2.6 治理工程主要有治水、治土和排导等为主的方案

图3.2.7 蓄水工程

图3.2.8 植草治水

图3.2.9 排洪道1

图3.2.10 排洪道2

图3.2.11 排洪道3

③综合治理

在具体实施泥石流的防治时，宜采取坡面、沟道兼顾，上下游统筹的综合治理方案。一般在沟谷上游以治水为主，中游以治土为主，下游以排导为主。通过上游的稳坡截水和中游拦挡护坡等，减少泥石流固体物质，控制泥石流规模，改变泥石流体的性质，有利于下游的排导效果，从而控制泥石流的危害。

移出泄洪道中的变压器和电线杆。

图3.2.12　变压器1

图3.2.13　变压器2

住宅应与交压房（站）保持安全距离，保留安全缓冲区，架设避雷装置。

图3.2.14　交压房

卫生所应具备基本卫生条件，防御疾病的传播。

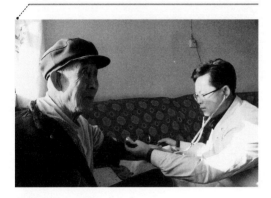

图3.2.15　卫生所

如果在卫生防护距离800m之内，且处于当地常年最大风频的下风向，则学校应搬迁。

图3.2.16　需要搬迁的学校

图3.2.17　搬迁后的学校

图3.2.18　工业污染

图3.2.19　工业治理

因工业生产而产生的空气和水污染，对村庄居民造成的严重危害，需要在村庄整治中寻求解决途径。

3.2.3　消防整治

消防安全布局、消防站、消防供水、消防通信、消防车通道、消防装备、建筑防火是村庄消防综合整治的内容。

（1）消防安全布局——村庄内生产、储存易燃易爆物品的工厂、仓库必须设在村庄边缘或相对独立的安全地带，并与人员密集的公共建筑保持符合规定的防火安全距离，否则应在村庄整治中做出布局调整。

图3.2.20　存在消防隐患1

图3.2.21　存在消防隐患2

图3.2.22　存在消防隐患的工厂应该设在相对独立的安全地

图3.2.23　存在消防隐患3

严重影响村庄安全的工厂、仓库、堆场、储罐等，必须采取迁移或改变生产使用性质等措施，消除不安全因素。

图3.2.24　存在消防隐患4

生产和储存易燃易爆物品的工厂、仓库、堆场、储罐等与居住、医疗、教育、集会、娱乐、市场等区域之间的防火间距不应小于50m。

消除工业作坊与居住
混合的安全隐患。

图3.2.25 存在安全隐患1

严肃关注工业作坊工
作人员的人身安全。

图3.2.26 存在安全隐患2

消除工业作坊本身的
安全隐患，如配备消
防设施，更新用电
设施。

图3.2.27 消除安全隐患

大规模蔬菜大棚区也
存在消防安全隐患，
应配备消防设施，更
新用电设施。

图3.2.28 消除消防安全隐患

（2）堆量较大的柴草、饲料等可燃物的存放应符合下列要求：

①柴草宜堆放在村庄常年主导风向的下风侧或全年最小频率风向的上风侧；

②当村庄的三、四级耐火等级建筑密集时，柴草宜堆在村庄外；

③柴草不应堆在电气设备附近及电气线路下方；

④柴草堆场与建筑物的防火间距不宜小于25m；

⑤堆垛与堆垛之间应有防火间距。

图3.2.29 柴草不宜堆放在院落出入口　　　图3.2.30 柴草不宜集中堆放　　　图3.2.31 柴草不宜堆放在墙根

（3）村庄的消防交通设施应符合下列要求：

①消防车通道可利用交通道路，并应与其他公路相连通；

②消防车通道宽度不宜小于4m，转弯半径不宜小于8m；

③供消防车通行的道路上禁止设立影响消防车通行的隔离桩、栏杆等障碍物，保证消防车道的畅通；

④建房、挖坑、堆柴草饲料等活动，不应影响消防车通行；

⑤消防车道宜成环状布置或设置平坦的回车场地。

5000人以上的村庄宜设置消防站，消防站布局应符合接到报警5分钟内消防人员到达责任区边缘的要求，并应设在责任区内的适中位置和便于消防车辆迅速出动的地段。

村庄宜自备小型消防车。

图3.2.32 小型消防车

在新建自来水供水管时，要在村庄居民点的关键部位安装消火栓。

图3.2.33 安装消火栓

村庄和家庭可以自备灭火器。

图3.2.34 灭火器

利用天然水源或消防水池作为消防水源时，应配置消防泵或手抬机动泵等消防供水设备。

图3.2.35 配置消防供水设备

3.2.4 防洪及内涝整治

受河、湖、山洪、内涝威胁的村庄应进行防洪整治，并应符合下列规定。

（1）防洪整治应结合实际综合治理，确保重点；防汛与抗旱相结合，工程措施与非工程措施相结合。根据洪灾类型确定防洪标准：

①沿江河湖泊村庄防洪标准应不低于其所处江河流域的防洪标准。

②邻近大型或重要工矿企业、交通运输设施、动力设施、通信设施、文物古迹和旅游设施等防护对象的村庄，当不能分别进行防护时，应按"就高不就低"的原则确定设防标准及防洪设施。

③受大风、暴雨、山洪威胁的村庄，整治时应符合防御要求。

④根据历史降水资料，易形成内涝的平原、洼地、水网圩区、山谷、盆地等地区的村庄整治应完善除涝排水系统。

（2）村庄的防洪工程和防洪措施应与当地江河流域、农田水利、水土保持、绿化造林等规划相结合，并应符合下列规定：

①居住在行洪河道内的村民，应逐步组织外迁。

②对可能造成滑坡的山体、坡地，应加砌石块护坡或挡土墙。

③村庄范围内的河道、湖泊中阻碍行洪的障碍物，应制定限期清除措施。

④在指定的分洪口附近和洪水主流区域内，严禁设置有碍行洪的各种建筑物，如有建筑物，必须拆除。

图3.2.36 洪水破坏耕地

图3.2.37 洪水淹没村庄1

图3.2.38 暴雨影响出行

图3.2.39 洪水淹没村庄2

3.3 垃圾收集与处理

村庄垃圾应及时收集、清运，保持村庄整洁。村庄生活垃圾宜就地分类回收利用，减少集中处理垃圾量。

3.3.1 生活垃圾的收集

对村庄生活垃圾进行分类是垃圾合理收集和科学处理的前提。生活垃圾可分为四大类：可回收垃圾、厨余垃圾、有害垃圾、其他垃圾。

（1）垃圾收集点应放置垃圾箱、垃圾桶，或设置垃圾收集屋，并应符合下列规定：

①为避免垃圾随意堆积，收集点可根据实际需要设置，每村不应少于一个垃圾收集点；收集频次可根据实际需要设定，一般可选择每周1~2次。

②建筑垃圾，如砖瓦、陶瓷、渣土等废弃物，是农村家庭特有的垃圾种类，宜采用节俭营村的理念，利用建筑废料资源化、建筑材料乡土化以及废旧器具记忆化的设计方法，构建乡村建设建筑废料资源化模式，运用建筑废料拆解方法以及再利用技术，并将废砖、瓦、混凝土等建筑废料，鹅卵石、竹子等材料，瓦罐等废旧器皿充分利用于铺装、景墙、小品之中，以此提升乡村人居环境整治的社会效益、经济效益和环境效益，助推乡村人居环境的可持续发展。

图3.3.1 垃圾收集点规模太小

图3.3.2 垃圾收集点进行分类收集

③深入推进露天垃圾池等不合规的垃圾收集处理设施"清零行动"，结合当前村庄清洁行动，全面完成仍存留的露天垃圾池、小型焚烧炉等不合规的垃圾收集处理设施的清理或改造。

④投入收集点的垃圾应当装袋和封闭起来。

⑤垃圾收集点应规范卫生保护措施，防止二次污染。蝇、蚁等繁殖季节，应定期喷洒消毒液。

图3.3.3 利用碎石瓦片进行路面装饰

图3.3.4 利用建筑垃圾进行路边侧墙装饰

图3.3.5 利用碎石瓦片进行路面立体装饰

图3.3.6 拆除露天垃圾池1

图3.3.7 拆除露天垃圾池2

改造前

图3.3.8 垃圾收集点未进行封闭处理

改造后

图3.3.9 改造后的垃圾收集设施

（2）农户家庭垃圾收集的经验

①只有逐步改变垃圾收集模式，才可能做到"清洁"。

②考虑到乡村生活特点，垃圾应当在农户家中就做好分类：

◆ 家庭应在自己的院内建立有机垃圾堆肥点；

◆ 无机垃圾家庭储存，定期收集；

◆ 鼓励建筑垃圾的再利用。

图3.3.10 垃圾未进行分类处理

图3.3.11 规范垃圾收集点

图3.3.12 设置垃圾分类设施

图3.3.13 推行上门收集进行垃圾分类

（3）垃圾运输

垃圾运输过程中应保持运输车辆的封闭或覆盖，避免遗撒。

（4）垃圾处理

可生物降解的有机垃圾单独收集后应就地处理，或家庭或村庄堆肥处理；可回收的废品类垃圾由住户暂存在自家宅基地内，定期出售。

①利用沼气池作厌氧消化处理。

其一，必须确定置入沼气池的确实是有机垃圾；其二，通过入料口投入有机垃圾，不要破坏沼气池的正常运转。

②家庭堆肥处理可在庭院或农田中采用木条等材料围成1m³左右的空间，用于堆放可生物降解的有机垃圾，堆肥时间不宜少于2个月。

③也可以把若干家庭单独收集的可生物降解的有机垃圾集中处理，宜采用条形堆肥处理，堆肥时间不宜少于2～3个月。

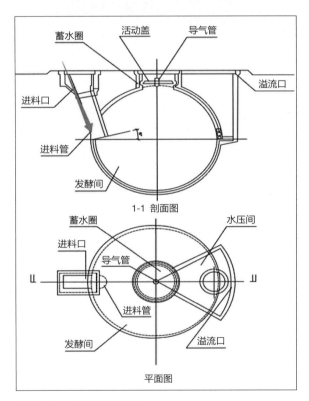

图3.3.14 沼气池工作原理

图3.3.15 露天堆肥

庭院里进行家庭堆肥处理时，需要远离水井20m以上，并用土覆盖。

图3.3.16　家庭堆肥

条形堆肥场地可选择田间、田头或草地、林地旁，远离村庄居民点。

图3.3.17　条形堆肥

④暂时不具备集中处理条件的其他垃圾，可采用简易填埋处理，并应符合下列要求：

A．垃圾场选址

简易填埋处理场严禁选址于村庄水源地保护站范围内。

宜选择在村庄主导风向下风向、地下水流向的下游，且应避免占用农田、林地等农业生产用地。

宜选择地下水位低并有黏土层的坑地或洼地。与村庄居住建筑用地距离不宜小于卫生防护距离的要求。

B．垃圾场建设

填埋场必须进行防渗处理，防止对地下水和地表水的污染，同时还应防止地下水进入填埋区。

填埋库区防渗系统应铺设渗沥液收集系统，并宜设置疏通设施。

C．垃圾场使用

填埋应采用单元、分层作业，填埋单元作业工序应为卸车、分层摊铺、压实，达到规定高度后应进行覆盖，再压实。

每层垃圾摊铺厚度应根据填埋作业设备的压实性能、压实次数及垃圾的可压缩性确定，厚度不宜超过60cm，且宜从作业单元的边坡底部到顶部摊铺。

每一单元的垃圾高度宜为2～4m，最高不得超过6m。

每一单元作业完成后，应进行覆盖，覆盖层厚度宜根据覆盖材料确定，土覆盖层厚度宜为20～25cm；每个作业区完成阶段性高度后，暂时不在其上继续进行填埋时，应进行中间覆盖，覆盖层厚度宜根据覆盖材料确定，土覆盖层厚度宜大于30cm。

填埋场填埋作业达到设计标高后，应及时进行封场和生态环境恢复。

填埋场使用年限结束时，应封场，并考虑地表水径流、排水防渗、填埋气体的收集、植被类型、填埋场的稳定性及土地利用等因素。

3.3.2 公共场所的垃圾收集

①乡村居民点的路边等公共场所也应设置一些垃圾收集设施。当然，这些公共场所的垃圾收集设施只是用来收集行人的垃圾，住户不应当把家庭垃圾，特别是有机垃圾倾倒其中。这样，才能保证这些设施不会孳生蚊蝇和发出异味。

②同时，公共场所还应有一些具有特殊垃圾收集功能的设施，如收集废电池等。

图3.3.18　公共场所未设置垃圾收集设施

图3.3.19　公共场所角落设置垃圾收集设施

3.4 公共卫生与粪便处理

3.4.1 家庭卫生厕所

（1）卫生厕所村庄整治应实现粪便无害化处理，预防疾病，保障村民身体健康，防止粪便污染环境。为此，在村庄整治中，应综合考虑当地经济发展状况、自然地理条件、人文民俗习惯、农业生产方式等因素，在下列模式中选择厕所类型。

①水冲式厕所。

②其他模式厕所：三格化粪池厕所、三联通沼气池式厕所、粪尿分集式生态卫生厕所、双瓮漏斗式厕所、通风改良坑式厕所、双坑交替式厕所、深坑式厕所。

（2）目前在城镇周边的农村，利用城镇污水处理厂，铺设了上、下水设施，在这些地区完全具备条件建造水冲式厕所。但是在远离城镇的农村没有污水排放系统，有的甚至除了直接排入池塘外，没有其他排放出路。由于大量地建造水冲式户厕，会造成环境质量的迅速下降，所以提出原则性要求，即粪便污水必须与通往污水处理厂的管网相连接，严禁随意排放。

（3）可以依据情况，从立即清除建立在公共场所的家庭厕所入手，逐步建设各类标准的家庭卫生厕所，继续提高厕所建设的标准化水平。

（4）改造步骤

①立即清除

建在公共场所的所有户厕和粪坑，特别是茅棚，都应该立即清除。

图3.4.1 待拆除的厕所1

图3.4.2 待拆除的厕所2

②逐步改造

建在院内的户厕应该按照政府的统一安排，逐步改造成标准的厕所。

图3.4.3 逐步改造成标准的厕所1   **图3.4.4** 逐步改造成标准的厕所2

③继续提高

建在院内的户厕，经过改造后仍然没有达到标准的，应当逐步实现标准化，特别是改造那些渗漏和完全不能实现无害化处理的化粪池。

图3.4.5 建在院内的户厕1   **图3.4.6** 建在院内的户厕2

④再上一层楼

在住宅改造中，最好把厕所合并到住宅内部；把三格式化粪池的出水与村庄污水处理设施连接起来；实现厕所内部设施的城市户厕标准模式。

图3.4.7 把厕所合并到住宅1   **图3.4.8** 把厕所合并到住宅2

3.4.2 公共卫生厕所

（1）可以依据情况，从立即清除已经不能使用的公共厕所着手，逐步在村里人口集中的公共场所附近，建设公共三格式化粪池厕所。

（2）在建设公共厕所时，把注意力放到实现化粪池标准化上，而不是放到公共厕所建筑的内外装修上。应特别关注公共厕所选址，以保证它的最大利用率。公共厕所的功能第一，美观第二，同时鼓励厉行节约，提高质量。建设公共厕所应符合国家标准。

（3）公共厕所应设置冲洗设备、洗手盆和挂衣钩，以及老人、残疾人专用蹲位和无障碍通道、大便蹲位或大便槽。

公共厕所化粪池应满足三格式化粪池规范。

图3.4.9 三格化粪池不标准

公共厕所应按不同的等级标准和使用性质进行装饰和配备设备。

图3.4.10 公共厕所室内装修过度

公共厕所上锁，不方便。

图3.4.11 上锁的公共厕所

图3.4.12 冲洗设备1

图3.4.13 无障碍通道

图3.4.14 冲洗设备2

图3.4.15 小便槽

图3.4.16 扶手

图3.4.17 公共厕所周围应布置绿化

图3.4.18 厕所的附近和入口处，应设置明显的统一标志

图3.4.19 公共厕所内部应空气流通、光线充足、沟通路平，并应有防臭、防蛆、防蝇、防鼠等技术措施

图3.4.20 倡导使用当地材料建设公共厕所，节约资源

农宅篇

4 农宅设计原则及要求

4.1　选址、规划、场地及组团布局

　　根据《宁夏回族自治区土地管理条例》规定，农村村民住宅用地面积标准为使用水浇地的，每户不得超过270m²；使用平川旱地耕地的，每户不得超过400m²；使用山坡地的，每户不得超过540m²（图4.1.1～图4.1.3）。

　　（1）农宅选址应综合考虑水文、地形、地质、风向、污染源、耕作半径等因素。位于丘陵和山区时，宜选用向阳坡，避开风口和窝风地段。

　　（2）农宅规划应充分考虑发展的需要，结合村庄规划适当预留建设用地。对生活居住有影响的生产设施应与生活区适当分离。农宅设计根据不同住户情况和农房类型集中布置，宜以联排、毗邻形式为主，一般以2～4户为宜，形成错落有致的布局。

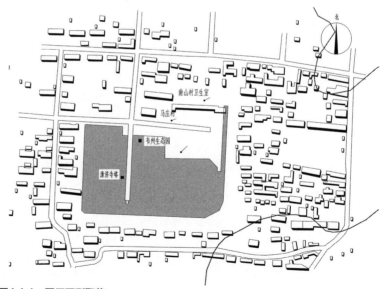

图4.1.1　平原团型聚落

（3）选择农宅场地时，应在稳定基岩、坚硬土或开阔、平坦、密实、均匀的中硬土等场地稳定、土质均匀的地段，应避开以下几类区域：

①行洪河道、沟谷、行洪区、蓄滞洪区及洪涝灾害频发等受洪水威胁的地段。

②可能发生滑坡、崩塌、地陷、地裂、泥石流的场地。

③软弱土层、软硬不均的土层和容易发生砂土液化的地段。

④发震断裂带上可能发生地表位错的部位。

⑤矿产采空区、地质塌陷区等灾害高危区。

（4）组团布局

①规模较大的村落宜结合自然条件和经济发展分为多个组团布局。

②组团应结合地形，顺应自然地貌，充分考虑组团空间组合的多样性。

③农宅组合方式应结合地形、灵活多样，规整中有变化。

④农宅与宅间道路之间，宜设置庭院空间；应合理处置每户出入口与公共道路、院落空间的关系，避免邻里间相互干扰。

⑤农宅朝向结合地形地貌合理选择，宜采用南北朝向或接近南北朝向。

图4.1.2 坡地双核型聚落

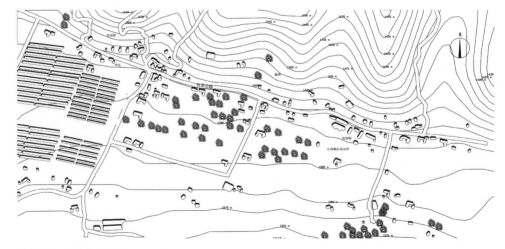

图4.1.3 河谷线型聚落

4.2 地域性

宁夏位于东经104°17′～109°39′，北纬35°14′～39°23′，中国大陆中心偏北，胡焕庸线以西，处在黄河中上游地区。南北长456km，东西宽250km。整个地域南北长，东西窄，省域面积6.64万km²，是我国面积最小的地理单元之一。西北与腾格里沙漠相邻，被贺兰山阻隔。东部与毛乌素沙漠相邻，北部与蒙古高原相交接，东南与黄土高原交接。

宁夏民居地域特征影响因素众多，但其中最直接和最有影响力的应属生态环境与文化习俗两方面。正是这两种因素相互融合、作用，从而激发、诞生了适应性的居住类型及建筑技术体系，奠定了宁夏建筑特有的"生存基因"。面对复杂的地理地形条件、匮乏的建材资源条件，宁夏传统民居普遍采用以"土"为主的建筑形式，其种类多样、手法灵活，创造了与之相适应的结构类型、空间形态，充分展现出传统生土建筑的强大环境适应能力。在这一物质平台上，形态各异的民居建筑与各民族文化习俗相结合，更加呈现出宁夏民居丰富多彩的地域特色。宁夏传统民居中蕴含着大量"适应资源""适应气候""低成本、低能耗、低污染"等宝贵而朴素的营建思想，这是宁夏人民在适应生态脆弱地区中积淀下来的宝贵生态智慧与策略，对于当今西北和美乡村与新农宅建设，均具有重要的启示意义（表4.2.1）。

宁夏传统民居常用地方建筑材料统计表 表4.2.1

天然材料	人工材料									
	模制土坯砖	炕面子	垡拉	石灰	胶泥	三合土	三合泥	甜泥	细文泥	粗纹泥
木材（松木、杨木、柳木）、石材、沙、麦草、蒲毛、芦苇	黄土，或参入麦草放入磨具晾干，也称"胡基"	模制土坯，加参麦草	秋收后将留有麦茬的麦田浇水浸泡，稍干后碾压平实，用铁锹按模数裁出晾干	俗称"白灰"	黄土的一种，黏性很大，晾干后特别硬	黄土、石灰、明沙混合	黄土、石灰、细麦草或蒲毛混合	黄泥，不掺其他杂料	黄泥掺入麦芒、麦壳等	黄泥掺入碎麦草
用途	垒砌墙体	垒砌火炕	垒砌墙体	墙体最外层涂料	水窖内壁防渗涂料	夯实地基	外墙涂料，二遍泥	外墙涂料，三遍泥	墙体涂料，四边遍泥	头遍墙体涂料

4.3 适宜性

　　宁夏地区生态环境恶劣，干旱少雨，黄土层厚、分布广、取材方便，所以当地百姓多用生土建房，有一定经济实力的家庭也有选择木构架民居的，使这里集中了形态多样的传统乡土建筑，也形成了独特的民居类型：北部地区主要分布平顶土坯房，以及少量的坡顶房；中部地区主要分布有独立式窑洞、坡顶房、坡顶平顶结合的民居类型；南部地区分布有各式窑洞、高房子、坡屋顶民居等；堡寨则分布于宁夏北、中、南部地区（图4.3.1～图4.3.6）。

　　宁夏传统民居，从空间布局上看，往往要用夯土版筑墙围合成一个院落，在院落内，构筑有"一"字形、二合院、曲尺形、三合院、四合院等五种空间布局形式。从整体上看，不管院门朝向那个方向开，不论哪种布局形式，主房总是坐北朝南，利用台阶使其成为院落中最为高大的建筑，开间3～5间不等，每间3～3.3m，进深5～5.2m。

　　资源越是匮乏、经济越是落后的地区，建材资源在很大程度上决定着建筑规模和形式的发展，也决定着营建技术的发展方向，而营建技术则决定了建筑的具体形式布局与调适方式。采用以生土为主的传统乡土建筑建造体系，最大程度地缓解了宁夏地区人居系统内部的矛盾，实现了人类居住环境的延续性发展。

图4.3.1　堡寨民居

图4.3.2　独立式窑洞

图4.3.3　地坑院窑洞

图4.3.4　高房子

图4.3.5　平顶砖瓦房

图4.3.6　坡顶土坯房

4.4 绿色生态性

农宅选址和设计要尽可能将其融入周围乡土环境中，使农宅成为大自然整体的一个有机部分。绿色生态性农宅具有以下特征：

（1）从农宅与自然关系的角度看，绿色农宅与自然生态环境融为一体，参与到自然生态系统的物质能量循环中去，对周围的环境不产生或少产生不良影响；

（2）从农宅利用能源的角度来看，绿色农宅具有节能和低能耗等优点；

（3）从农宅所使用材料的角度看，绿色农宅所采用的是可再生材料，或者是可降解材料，能进行循环利用；

（4）从农宅设计的角度看，绿色农宅是一种开放式的设计，农宅内部与外部采取有效的联通方式，能对气候的变化自动进行自适应调节；

（5）从可持续发展的角度看，绿色农宅全面节约资源，以最小的生态破坏和资源消耗为代价，是一种可持续发展模式。

5.1 院落布局与平面

（1）农宅院落宜采用"南院北宅"的布置方式（图5.1.1）。

（2）农宅的平面设计应有利于冬季日照、避风和夏季自然通风，功能布局合理，起居、活动方便，并应符合下列规定：

①卧室和起居室等主要房间宜布置在南向，厨房、卫生间、储藏室等辅助房间宜布置在北向或东西向。

②进户门宜设置在房屋的南侧；外门宜设置封闭的前室或附加阳光间作为缓冲，避免冬季冷空气直接吹入室内。

③厨房和卫生间排风口的设置应考虑主导风向和对相邻房间的不利影响，冬季避免强风的倒灌现象和油烟等对周围环境的污染。

（3）农宅的体形宜简单、规整，平面、立面不宜局部凸出或凹进，其体形系数不宜超过0.6。

（4）农宅室内空间的防疫设计建议，宜符合下列规定：

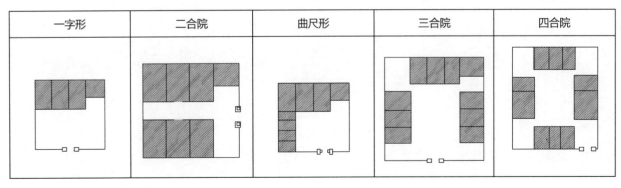

图5.1.1 宁夏传统民居平面布局

①农宅室内空间应根据适用性质、合理功能等布局，人流、物流宜分开设置，应做到洁污分离、动静分区；

②农宅的主要功能空间应充分利用日照、采光、通风和景观等自然条件，平面设计、空间组织、门窗设置应有利于组织自然通风；

③在满足使用性质、功能、工艺等要求的基础上，农宅房间布置在功能合理的基础上增加直接对外出入口，便于突发事件发生时进行空间分隔。

5.2　建筑立面

（1）农宅的建筑外观设计需尊重当地的民俗民风、民族习惯，在兼顾经济性、可实施性的基础上，全面传承当地乡土文化特色（图5.2.1）。

（2）农宅主立面（外窗面积最大的立面）宜朝南向设置。

（3）农宅的体型应简单、规整，平面、立面不应出现过多的

图5.2.1　宁夏民居立面组图

局部凸出或凹进的部位；不应有大量装饰性构件。

（4）农宅屋面银北地区宜优先考虑设置平屋顶，银南地区宜优先考虑坡屋面，室内宜进行吊顶。

（5）农宅室内净高不宜超过3.3m；开间尺寸不应大于6m；单面采光房间的进深不宜超过6m。

（6）农宅每个房间应设外窗，外窗设置应符合下列要求：

①门窗开设位置应有利于采光、通风；

②外窗的可开启面积不应小于外窗面积的1/4；

③外窗面积不应过大，南向窗宜适当采用大窗，北向窗宜采用小窗。

5.3 建筑防火

农宅的建筑设计需符合现行国家标准《农村防火规范》GB 50039-2010的相关规定。

（1）农村建筑的耐火等级不宜低于一级、二级，建筑耐火等级的划分应符合现行国家标准《建筑设计防火规范》GB 50016的规定。

（2）三级、四级耐火等级建筑之间的相邻外墙宜采用不燃烧实体墙，相连建筑的分户墙应采用不燃烧实体墙。建筑的屋顶宜采用不燃材料，当采用可燃材料时，不燃烧体分户墙应高出屋顶不小于0.5m。

（3）三级、四级耐火等级建筑之间的防火间距不宜小于6m。当建筑相邻外墙为不燃烧体，墙上的门窗洞口面积之和小于等于该外墙面积的10%且不正对开设时，建筑之间的防火间距可为4m。

（4）设置在农宅内的厨房宜符合下列规定：

①靠外墙设置；

②与建筑内的其他部位采取防火分隔措施；

③墙面采用不燃材料；

④顶棚和屋面采用不燃或难燃材料。

5.4 建筑节能

农宅的建筑设计应符合现行国家标准《农村居住建筑节能设计标准》GB/T 50824-2013的相关规定。

（1）在农宅建筑的设计中，应尽可能通过采取节能构造措施、使用节能材料等途径，降低建筑能耗。

（2）农宅外墙保温技术主要有墙体保温与结构一体化技术和薄（厚）抹灰外墙外保温技术，鼓励选择采用墙体保温与结构一体化技术的新型建筑体系，优先推荐装配式空腔聚苯模块混凝土结构体系，具体见《装配式空腔聚苯模块混凝土结构农宅建造技术导则》。

（3）农宅外门窗，宜选择平开门窗，不宜采用推拉门窗；门窗气密性等级不应低于现行国家标准《建筑外门窗气密、水密、抗风压性能分级及检测方法》GB/T 7106-2019中规定的6级。

（4）在采用节能门窗的基础上，可设置门斗、被动式太阳房等设施作为辅助性保温措施。

（5）合理选择农宅朝向。农宅合理的布局以及朝向也可以达到节能的目的，正确的朝向可以降低太阳辐射的热量和空气渗透耗的热能。

（6）通过室内的采光设计达到节能目的。通过采光设计达到节能的方法：

①在建筑设计中要充分利用太阳能。

②通过设置反射光板或是装修时采用浅色调油漆来增加二次反射的光线等手段，获得充分的室内照明，从而有效减少白天的人工照明，并节省相关的照明能耗。

（7）农宅墙体节能设计。采用保温性和隔热效果良好的材料填充墙体，实现墙体的外保温设计，使得墙体能够有效阻挡热量流失，降低外部气候对建筑物室内温度的影响。

（8）农宅门窗节能设计。设计合理的窗墙面积比，降低采暖耗热值；设计能够自动调节的活动遮阳棚、窗帘等，避免夏季阳光直射；提升门窗质量，加装密封条以保证门窗的气密性。

5.5 装配式农宅

（1）宁夏农宅结构形式主要为砌体结构、木结构、夯土、土坯等结构体系。鼓励有条件的农户选用装配整体式混凝土建筑等新型建筑体系。采用新型建筑体系时，其设计应符合相关产品和技术标准的规定。

（2）农宅的结构设计应合理选用结构方案和建筑材料，做到安全适用、经济合理、确保质量。

（3）农宅的抗震应按国家现行的有关标准进行结构抗震设计。

（4）鼓励农村住宅选用建筑节能结构一体化建筑体系，该体系集建筑的保温功能、结构围护和支撑体系于一体。

（5）装配式保温与结构一体化是基于空腔聚苯模块混凝土剪力墙结构的建造技术。装配式空腔聚苯模块现浇混凝土结构低能耗抗灾房屋建造技术是将表观密度30kg/m³墙体空腔模块经积木式错缝插接拼装成空腔墙体，其内置入钢筋、浇筑厚度为140mm的混凝土或再生混凝土。内外表面用12mm厚颗粒浆料抹面、3mm厚抹面胶浆，加一道耐碱玻纤网布抗裂增强，或安装厚度不小于15mm的纤维水泥板，再按设计要求饰面，由此构成保温与承重一体化的房屋外墙（图5.5.1）。

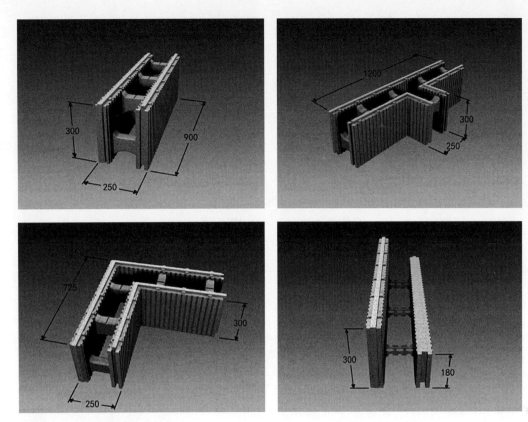

图5.5.1 部分空腔聚苯模块实样

6.1 农宅户型一

设计图则

平面图

户型一面积虽小，但平面功能齐全，南北通透的同时北面开小高窗，具有更好的保温效果和私密性。

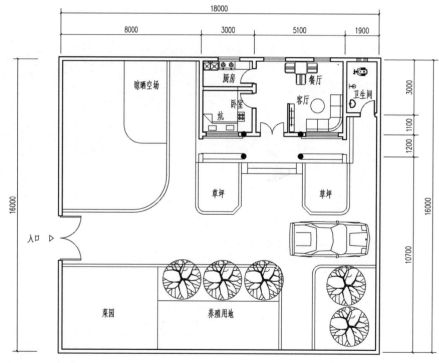

图6.1.1 平面图

立面、剖面图

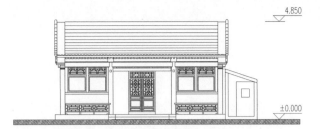

图6.1.2　南立面图

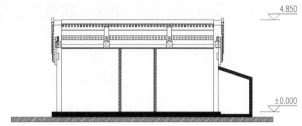

图6.1.3　剖面图

效果图

图6.1.4　效果图1

图6.1.5　效果图2

图6.1.6　效果图3

图6.1.7　效果图4

6.2　农宅户型二

平面图

　　户型二的设计思路源自宁夏地区传统民居"虎抱头"的平面布局，两间主卧与客厅等公共空间自然分离，既能保证空间的联系，又能适当分隔，满足私密性要求。

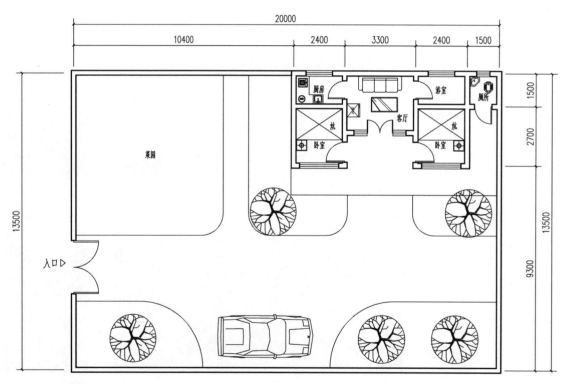

图6.2.1　平面图

立面、剖面图

图6.2.2 南立面图

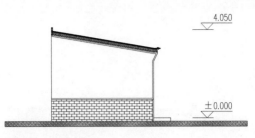

图6.2.3 西立面图

图6.2.4 剖面图

空间分析图

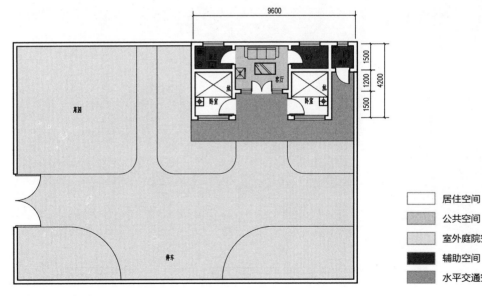

图6.2.5 空间分析图

居住空间

公共空间

室外庭院空间

辅助空间

水平交通空间

效果图

图6.2.6　效果图

6.3 农宅户型三

平面图

户型三平面布局紧凑，两室两厅格局，南北通透，将厕所和库房布置在院落中，与主要生活起居空间适当分离，形成洁污分区的同时符合农村居住习惯。农宅大门凸显传统民居特征，主体建筑采用平屋顶设计，符合宁夏中北部地区年降雨量少的干旱区气候特征，屋顶还可以满足玉米、辣椒等作物的晾晒需求。

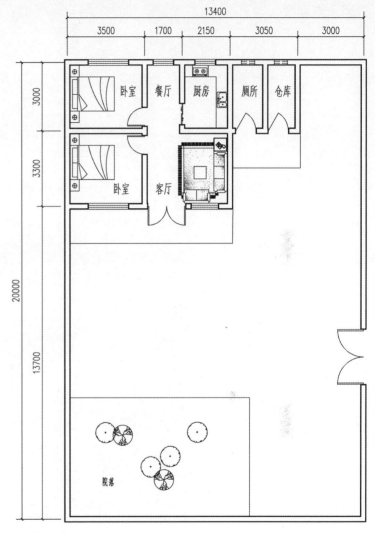

图6.3.1 平面图

立面、剖面图

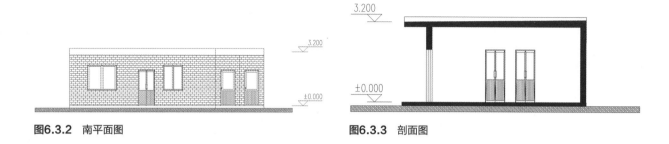

图6.3.2 南平面图

图6.3.3 剖面图

效果图

图6.3.4 效果图

6.4 农宅户型四

平面图

户型四依据当地农村的农宅使用和居住习惯，对起居空间和餐厨、厕所空间进行分离设计，将餐厨空间放大，以便在遇到大型喜丧事件时院落可以同时兼作餐厅空间。农宅立面设计平坡结合，在丰富农宅造型的同时，降低了造价。

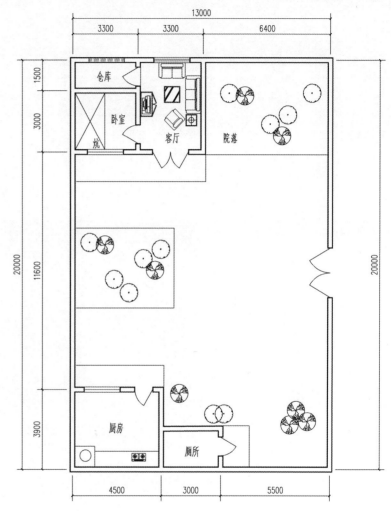

图6.4.1 平面图

立面、剖面图

图6.4.2 立面图1

图6.4.3 立面图2

图6.4.4 剖面图

效果图

图6.4.5 效果图

6.5　农宅户型五

平面图

　　户型五平面布局符合银川周边及银北平原地区可以横向展开院落的特征，将功能房间"一"字排开，南边留下菜园及绿化，功能分区明确。同时设置两代居室空间，相对独立又互相紧密联系，符合空间需求。

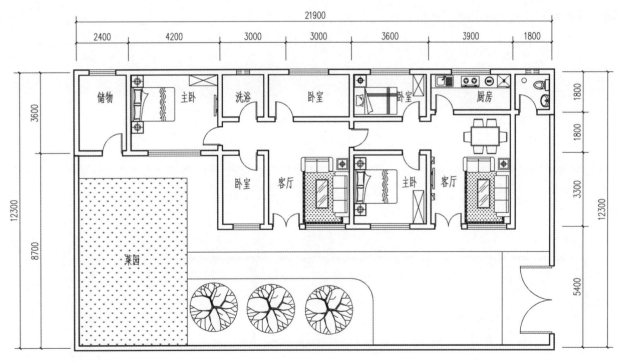

图6.5.1　平面图

立面、剖面图

图6.5.2 南立面图

图6.5.3 北立面图

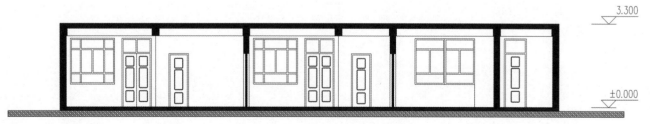

图6.5.4 剖面图

空间分析图

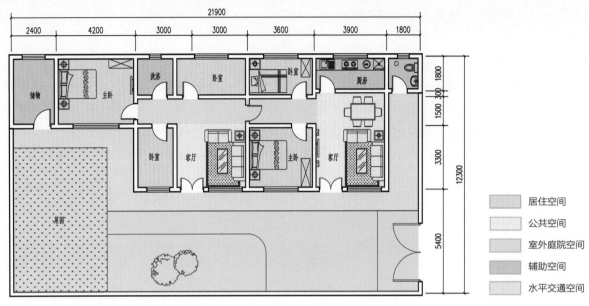

图6.5.5 空间分析图

图例：
- 居住空间
- 公共空间
- 室外庭院空间
- 辅助空间
- 水平交通空间

效果图

图6.5.6 效果图1

图6.5.7 效果图2

6.6 农宅户型六

平面图

  户型六在横向展开的院落中采用"L"形布局，充分利用有限空间。将院落空间分为前院和后院两部分，前院为主要起居空间，后院为辅助空间，功能分区明确的同时兼顾洁污分离。立面设计将主要功能房间的窗户设置在南面，既满足日照要求，又兼顾节能要求。

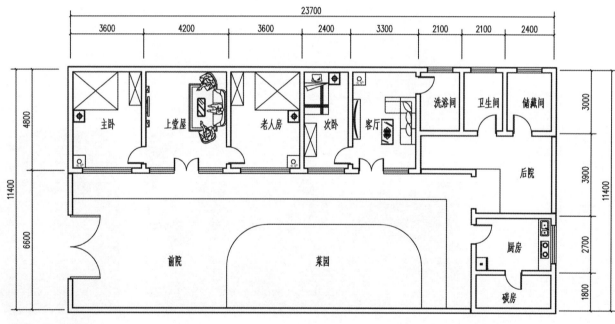

图6.6.1　平面图

立面图

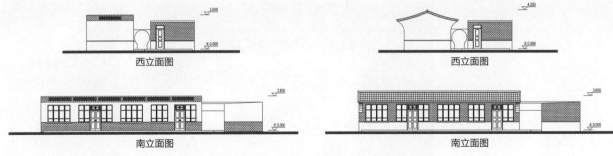

西立面图

南立面图

图6.6.2 立面图（方案一）

西立面图

南立面图

图6.6.3 立面图（方案二）

空间分析图

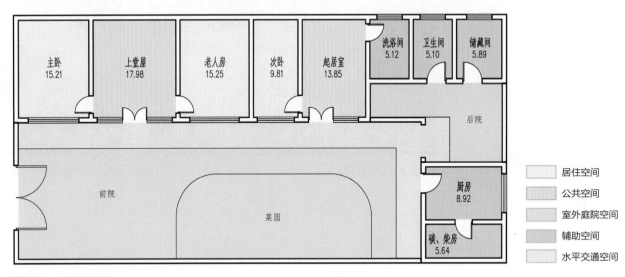

主卧 15.21

上堂屋 17.98

老人房 15.25

次卧 9.81

起居室 13.85

洗浴间 5.12

卫生间 5.10

储藏间 5.89

后院

前院

菜园

厨房 8.92

碳、柴房 5.64

居住空间

公共空间

室外庭院空间

辅助空间

水平交通空间

图6.6.4 空间分析图

方案一　效果图

图6.6.5　效果图1（方案一）

图6.6.6　效果图2（方案一）

方案二　效果图

图6.6.7　效果图3（方案二）

图6.6.8　效果图4（方案二）

6.7 农宅户型七

平面图

　　户型七符合北方地区农宅坐北朝南的特征，平面方正使得体型系数较小，满足建筑节能要求的同时，兼顾功能分区及流线的合理性。一层入口设置被动式阳光房，合理利用太阳能。

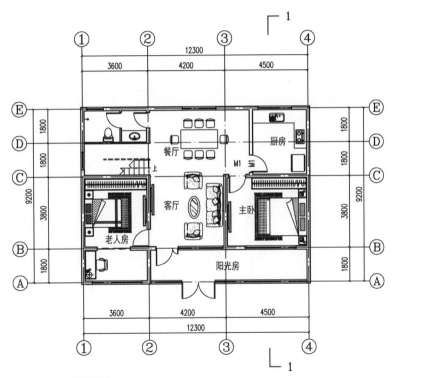

图6.7.1 一层平面图

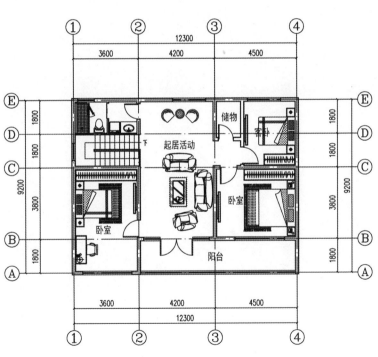

图6.7.2 二层平面图

立面、剖面图

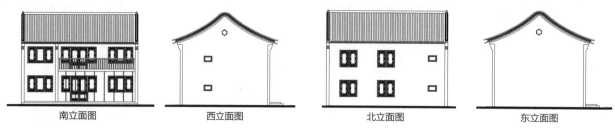

南立面图   西立面图   北立面图   东立面图

图6.7.3 立面图

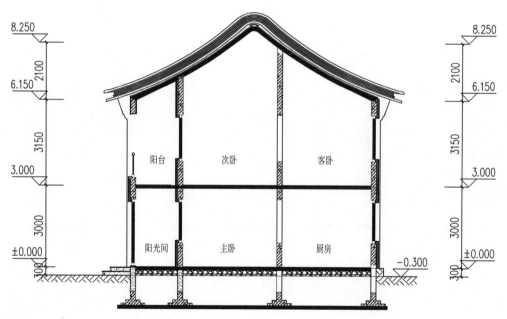

图6.7.4 剖面图

空间分析图

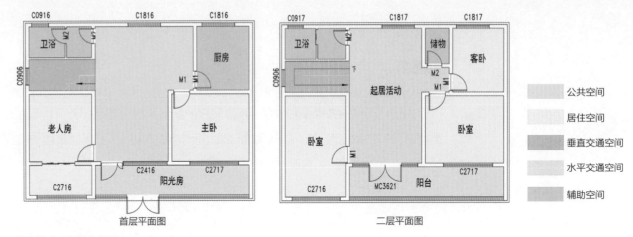

图6.7.5　空间分析图

首层平面图

二层平面图

公共空间

居住空间

垂直交通空间

水平交通空间

辅助空间

效果图

图6.7.6　效果图

6.8　农宅户型八

平面图

　　户型八为经济条件较好的农户能够选择的新型户型。面积较大，功能齐全，适合三代居住。分为上下两层，符合农村地区的节地要求。建筑立面设计时屋顶采用传统民居常用的坡屋顶，主体空间和辅助空间高低错落，主次分明。

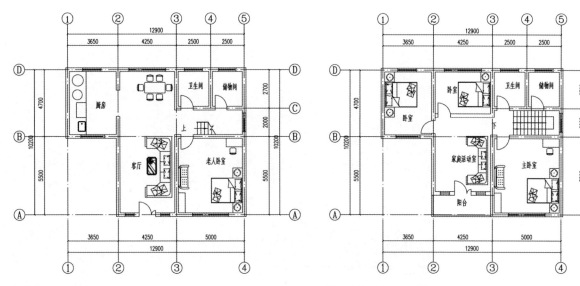

图6.8.1　一层平面图　　　　　　　　　　　　　　图6.8.2　二层平面图

立面图

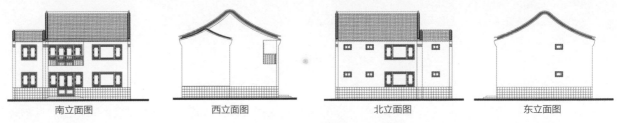

南立面图　　　　　　　西立面图　　　　　　　北立面图　　　　　　　东立面图

图6.8.3 立面图1　　　　　　　　　　　　**图6.8.4** 立面图2

效果图

图6.8.5 效果图

6.9 农宅户型九

平面图

　　户型九采用纵横坡屋顶交错设计的方式，在丰富了建筑第五立面的同时，让平面空间灵活多变，布局紧凑有序。二层留出露台空间，不但满足人们随时接触大自然的需求，还能兼作为作物晾晒空间。

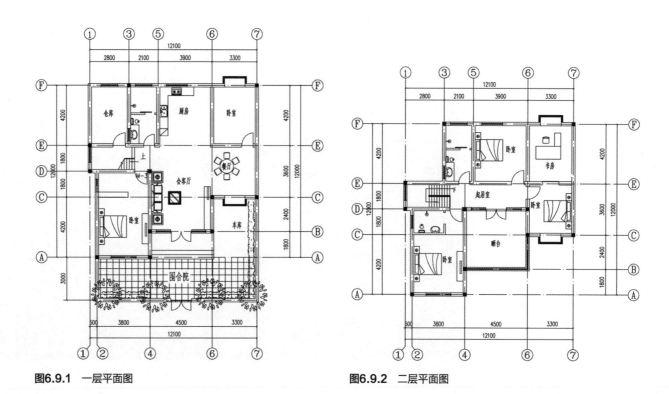

图6.9.1　一层平面图　　　　　　　　　　　　　图6.9.2　二层平面图

立面图

图6.9.3 南立面图

图6.9.4 西立面图

空间分析图

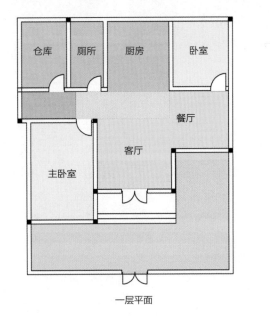

一层平面

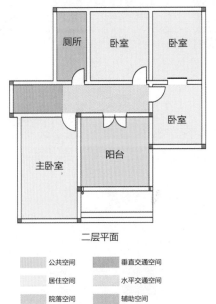

二层平面

	公共空间		垂直交通空间
	居住空间		水平交通空间
	院落空间		辅助空间

图6.9.5 空间分析图

效果图

图6.9.6 效果图

6.10 农宅装饰

门窗装饰

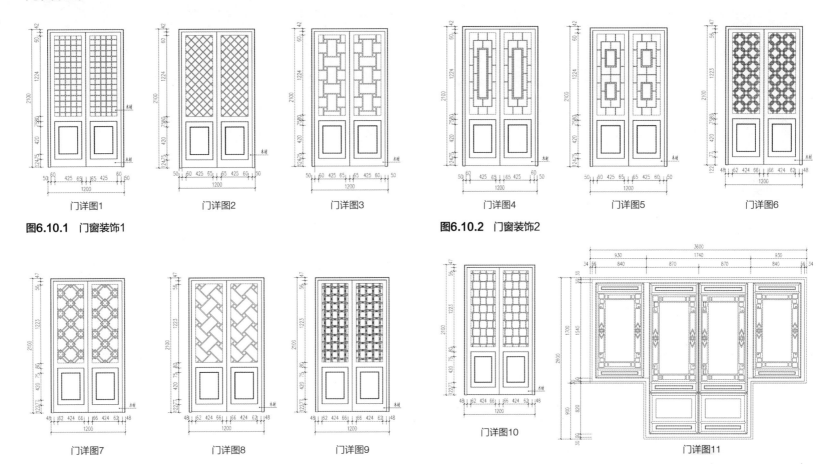

门详图1

图6.10.1 门窗装饰1

门详图2

门详图3

门详图4

门详图5

图6.10.2 门窗装饰2

门详图6

门详图7

门详图8

门详图9

图6.10.3 门窗装饰3

门详图10

门详图11

图6.10.4 门窗装饰4

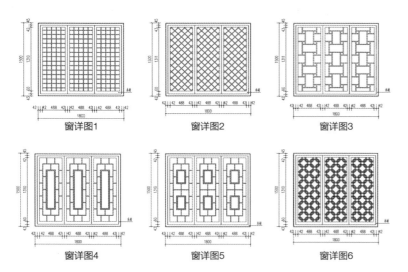

图6.10.5　门窗装饰5

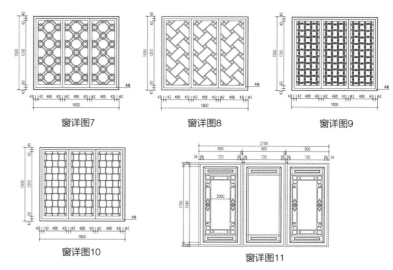

图6.10.6　门窗装饰6

窗下墙装饰

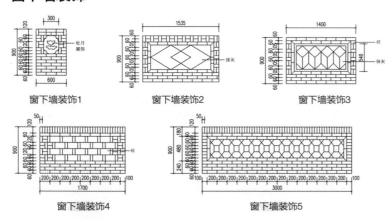

图6.10.7　窗下墙装饰

屋脊装饰

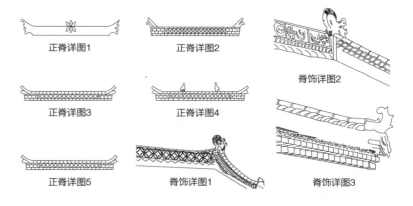

图6.10.8　屋脊装饰

院门装饰

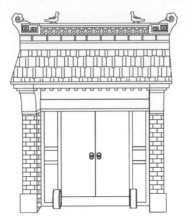

图6.10.9　院门装饰1

图6.10.10　院门装饰2

图6.10.11　院门装饰3

图6.10.12　院门装饰4

6.11 装配式农宅

平面图

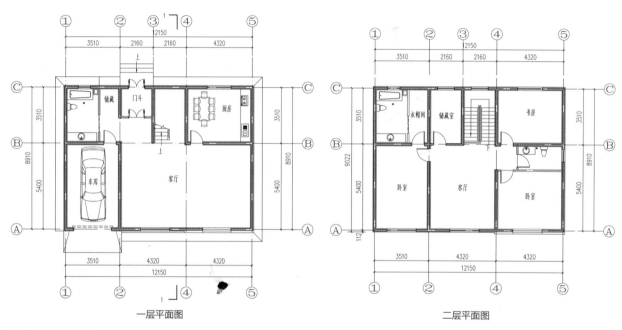

一层平面图

二层平面图

图6.11.1 平面图

立面、剖面图

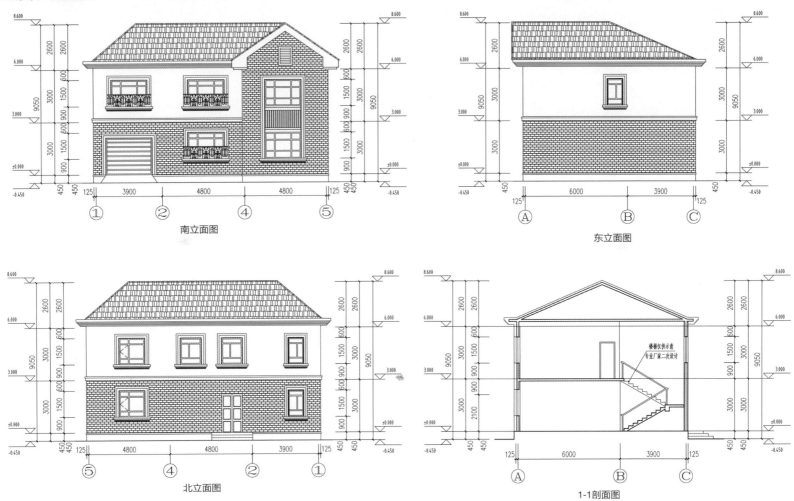

南立面图

东立面图

北立面图

1-1剖面图

图6.11.2 立面、剖面图

模块组装图

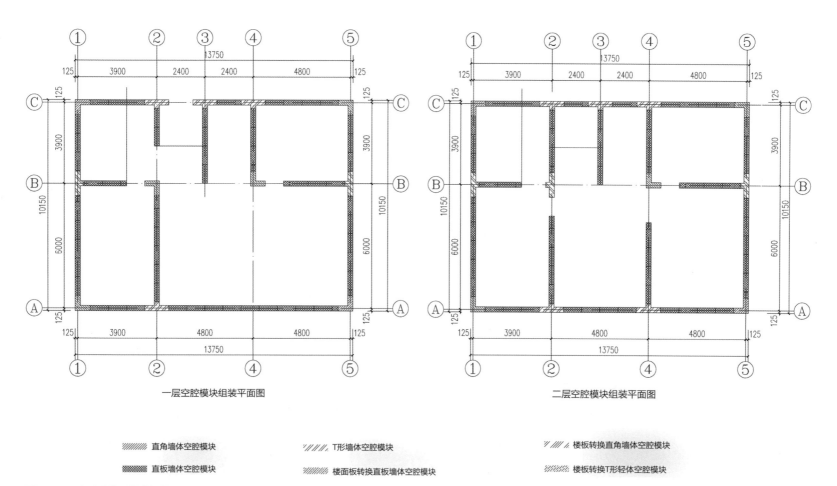

一层空腔模块组装平面图　　　　　　　　　　　　二层空腔模块组装平面图

///// 直角墙体空腔模块　　　　　/////　T形墙体空腔模块　　　　　/////　楼板转换直角墙体空腔模块

▓ 直板墙体空腔模块　　　　　///// 楼面板转换直板墙体空腔模块　　　///// 楼板转换T形轻体空腔模块

图6.11.3　空腔模块组装平面图

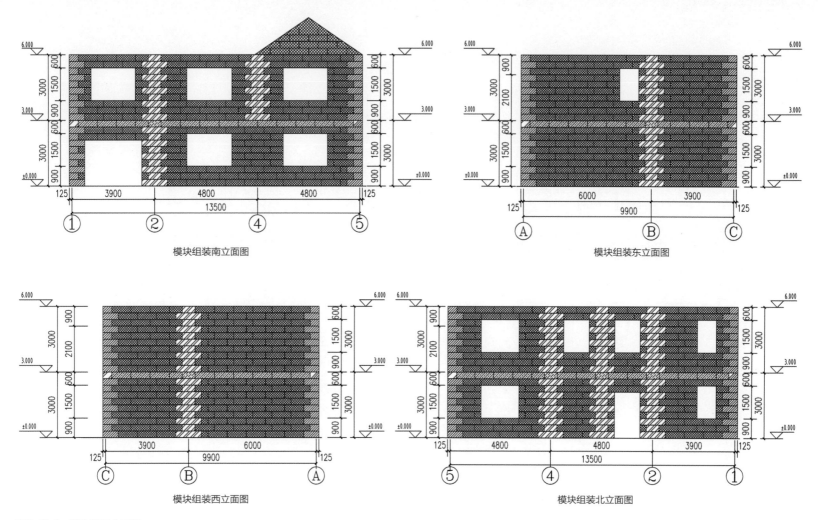

模块组装南立面图

模块组装东立面图

模块组装西立面图

模块组装北立面图

图6.11.4 模块组装立面图

6.12 生态农宅

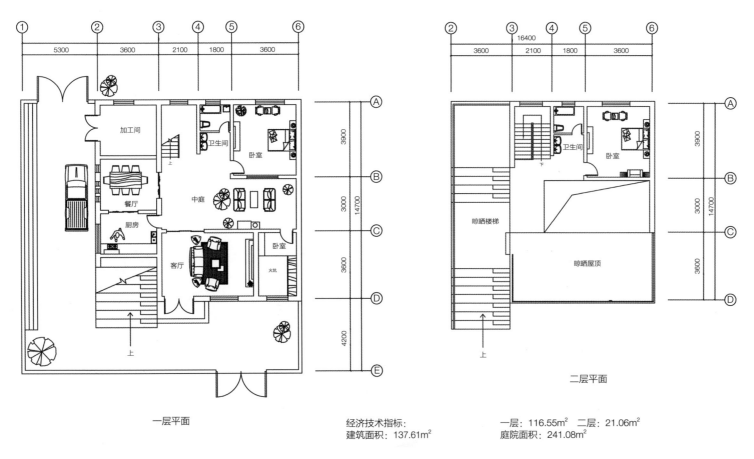

一层平面

经济技术指标:
建筑面积: 137.61m²

一层: 116.55m² 二层: 21.06m²
庭院面积: 241.08m²

二层平面

图6.12.1 平面图

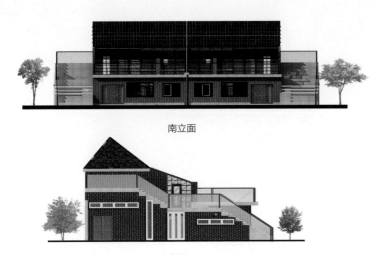

南立面

西立面

图6.12.2 立面图

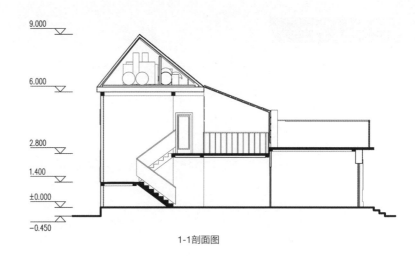

9.000

6.000

2.800

1.400

±0.000

−0.450

1-1剖面图

图6.12.3 剖面图

图6.12.4 效果图

大阶梯晒台

针对现状中，对晒台空间的较大需求和农宅小面积庭院的矛盾，现提出如下解决方式：

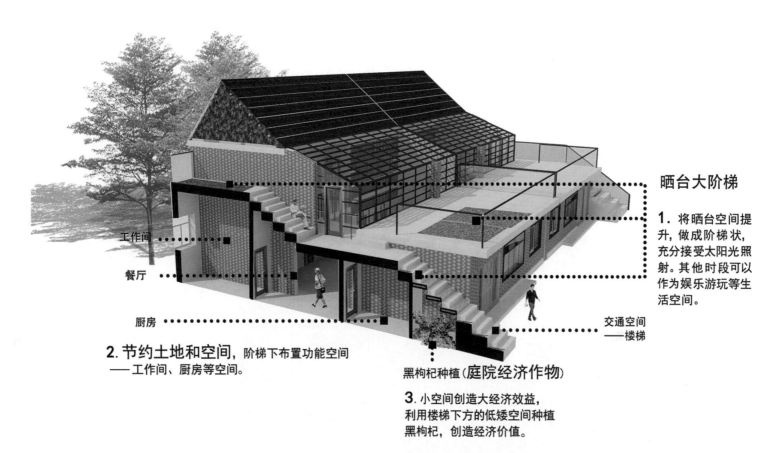

晒台大阶梯

1. 将晒台空间提升，做成阶梯状，充分接受太阳光照射。其他时段可以作为娱乐游玩等生活空间。

工作间

餐厅

厨房

交通空间
——楼梯

2. 节约土地和空间，阶梯下布置功能空间
——工作间、厨房等空间。

黑枸杞种植（**庭院经济作物**）

3. 小空间创造大经济效益，利用楼梯下方的低矮空间种植黑枸杞，创造经济价值。

图6.12.5 晒台

被动式太阳能设计

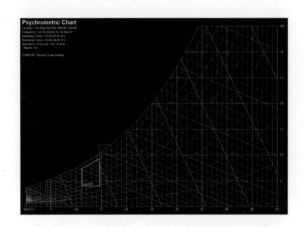

经计算，被动式太阳能取暖措施**窗墙比**：13%。
经Ecotect软件分析，活动程度：轻，
保温效果：好，利用效率：高。

屋顶保温设计

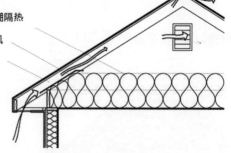

顶棚隔热

屋檐挡板通风

最少2英寸（约5厘米）的空气间层

额外的保温可能具有成本效益，通过保持室内温度均衡将会增加居住者的舒适度。

冬季墙体保温设计

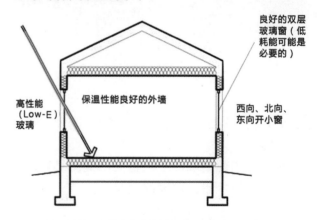

良好的双层玻璃窗（低耗能可能是必要的）

高性能（Low-E）玻璃

保温性能良好的外墙

西向、北向、东向开小窗

砖瓦、石板（甚至是低质量的木地板）或石坎壁炉可以使房间冬季日间获得更多太阳能且有利于夏季晚间降温。

图6.12.6 太阳能设计1

被动式太阳能设计

太阳房—玻璃中庭

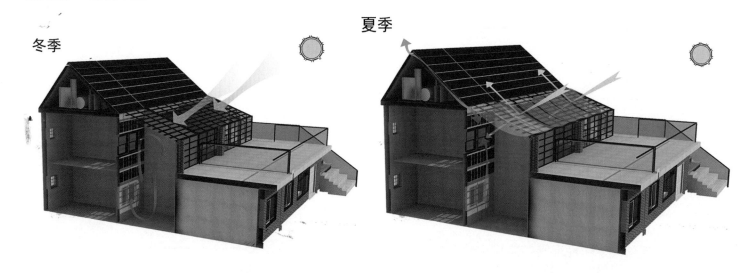

冬季

夏季

1. 设置玻璃中庭，增加太阳照射的面积，增大太阳
   辐射取暖面积。
2. 同时，在中庭内部的墙体上设置太阳能集热器，
   应用于太阳能热水器、建筑取暖等。

3. 结合屋顶通风，增强室内通风，使夏季凉爽。
4. 屋顶设白色帆布，在夏季太阳强烈时遮阳，
   阻挡部分太阳辐射热。

图6.12.7　太阳能设计2

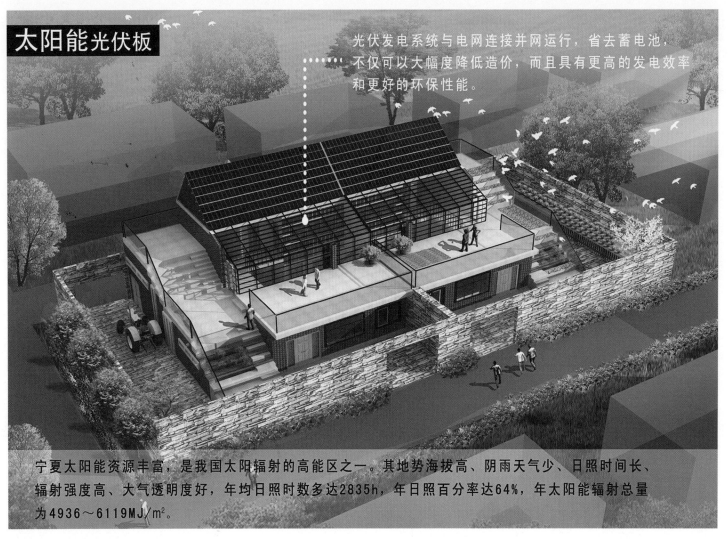

太阳能光伏板

光伏发电系统与电网连接并网运行，省去蓄电池，不仅可以大幅度降低造价，而且具有更高的发电效率和更好的环保性能。

宁夏太阳能资源丰富，是我国太阳辐射的高能区之一。其地势海拔高、阴雨天气少、日照时间长、辐射强度高、大气透明度好，年均日照时数多达2835h，年日照百分率达64%，年太阳能辐射总量为4936～6119MJ/m²。

图6.12.8 太阳能设计3

传统火墙更新设计

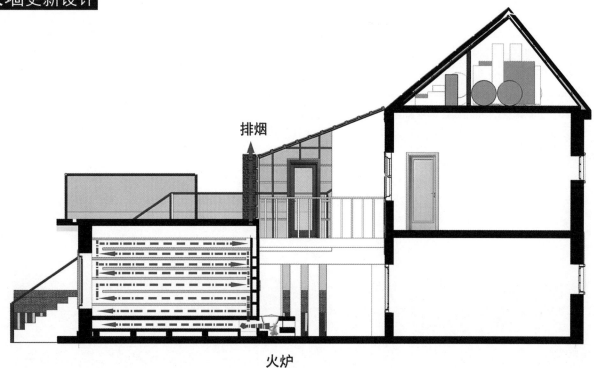

排烟

火炉

　　火墙是利用炉灶的烟气通过立砖砌成的空心短墙采暖的设备，和火炕类似，是北方传统民居被动式节能的一种方式，在冬季利用灶炉产生的热量升高室内温度，二次利用烟的余热。

图6.12.9 火墙更新设计1

传统火墙更新设计

探究火墙排制方式

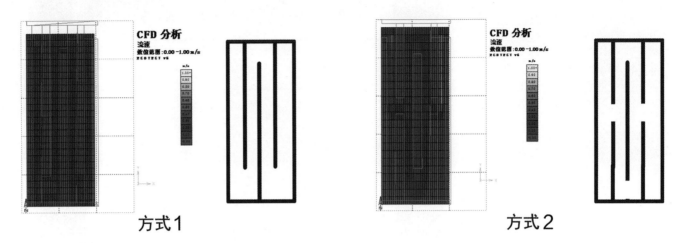

方式1   方式2

经过Ecotect软件，模拟烟道的排烟方式，得出烟道内烟雾的流速状况。
经模拟，方式1比方式2受热更加充分、更加均匀，故选择方式1进行排制。

图6.12.10 火墙更新设计2

传统工艺"胡基"更新设计

胡基，又叫土坯，是一门古老的传统工艺，也是古老就地取材的建筑材料。土坯墙体虽然具有良好的保温性能，然而容易被雨水冲刷而倒塌。结合多孔砖，增强墙体的强度，达到良好强度的同时具有较好的保温性能，利用当地黄土，节约建筑资源。打胡基的工具四大件：模子、柱子、草灰和青石板。

| 放好青石板 | 青石板上放模子，用土加固青石板。 | 重新摆好模子，固定好。 | 模子上撒草灰，以防粘土。 | 再填进三锨黄土，用锨拍光。 | 双脚尖朝前一踩，然后双脚跟往后一踩，再一只脚从中间前后两踩，使土蛰伏下来 |

传统工艺"胡基"制作方法

三锨（土）六脚十二个柱窝

双手抓柱子柄，由中间狠捶两下（一下分两次，实际是四下）。　两头由前及后，用柱子轻点。　先将胡基卸下。　将胡基拿出。　清理青石板，以便下次继续使用。　将胡基立起备用。

胡基与多孔砖
的砌筑方式

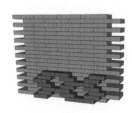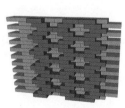

图6.12.11 "胡基"更新设计

雨水收集利用

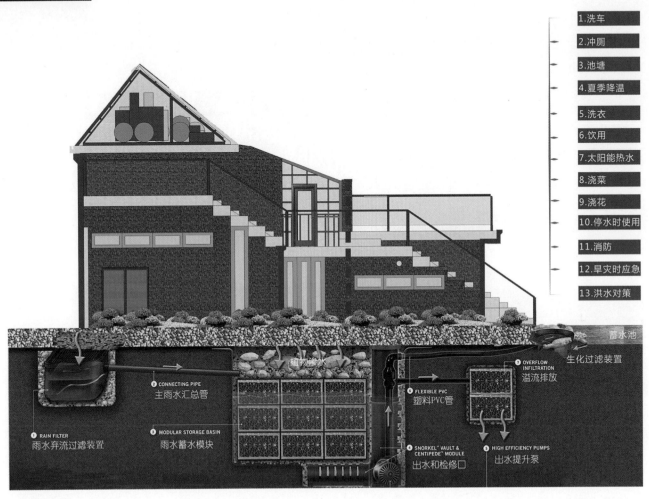

1.洗车
2.冲厕
3.池塘
4.夏季降温
5.洗衣
6.饮用
7.太阳能热水
8.浇菜
9.浇花
10.停水时使用
11.消防
12.旱灾时应急
13.洪水对策

蓄水池
生化过滤装置

❷ CONNECTING PIPE
主雨水汇总管

植物滞水

❻ OVERFLOW INFILTRATION
溢流排放

❺ FLEXIBLE PVC
塑料PVC管

❶ RAIN FILTER
雨水弃流过滤装置

❸ MODULAR STORAGE BASIN
雨水蓄水模块

❹ SNORKEL™ VAULT & CENTIPEDE™ MODULE
出水和检修口

❼ HIGH EFFICIENCY PUMPS
出水提升泵

图6.12.12　雨水收集利用

6.13 窑洞建筑

平面图

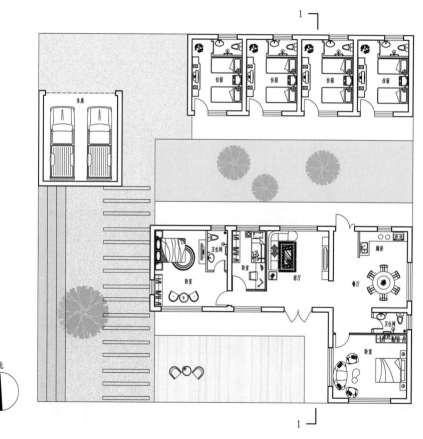

图6.13.1　首层平面图

立面、剖面图

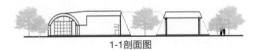

1-1剖面图

南立面图

北立面图

图6.13.2 立面、剖面图

效果图

图6.13.3 效果图1

图6.13.4 效果图2

图6.13.5 效果图3

功能分析图

流线分析图

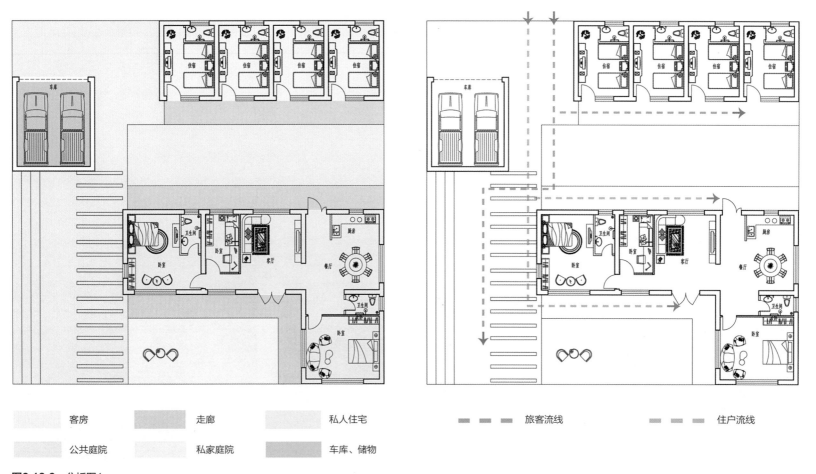

客房　　　　　　走廊　　　　　　私人住宅

公共庭院　　　　私家庭院　　　　车库、储物

- - - 旅客流线　　　　　　- - - 住户流线

图6.13.6 分析图1

区位分析

宁夏位于跨东部季风区域和西北干旱区域，大致处于中国三大自然区域的交汇、过渡地带。

场地——米岗村位于泾源县，地处国家级六盘山自然保护区腹地，旅游资源丰富。

米岗村东侧为高速公路，拥有发展旅游产业的独特条件。

气候分析

宁夏回族自治区深居西北内陆高原，属于典型的大陆性半湿润半干旱气候，雨季多集中在6~9月，具有冬寒长、夏暑短、雨雪稀少、气候干燥、风大沙少、南寒北暖等特点。气温日差大，日照时间长，太阳辐射强，年降水量稀少。

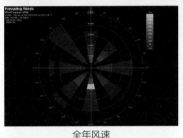
全年风速

夏季风速温度

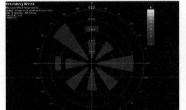
冬季风速温度

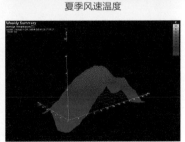
年平均温度变化

图6.13.7　分析图2

数据对比

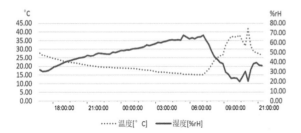

室外环境

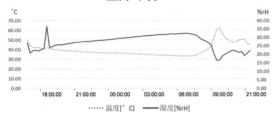

砖瓦房

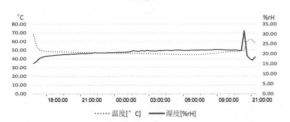

独立式窑洞

与普通砖瓦房相比，独立式窑洞的温湿度在一天内的变化最小，物理环境更稳定，也更适合人的舒适性要求。

夯土复合墙体

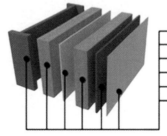

1.夯土取材方便，整体性强，蓄热系数高，回归自然，绿色环保。
2.墙体蓄热能力强，环境温度改变时，有热稳定性与热延迟性的特点；同时具有湿度调节功能，保持室内恒温。
3.掺入植被纤维，结合钢柱增强其稳定性，在表层构造设计木纤维板抹灰。

反光板

将反光板设置在侧窗上部且位于眼睛高度之上的位置，能有效地把本该照到近窗处的光线折射到室内顶棚再漫反射向室内远窗处。

1.夏天遮阳，减少室内热增益。
2.冬季高度角较低的光线可以进入室内以增加室内所需热量，避免来自采光高侧窗的直接眩光。
3.降低近窗处的照度值，提高远窗处的照度值，从而改善整个室内空间照度的均匀性，进而实现舒适、柔和的光环境。

图6.13.8 分析图3

覆土屋顶

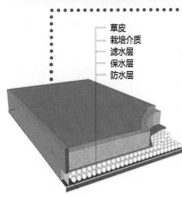

草皮
栽培介质
滤水层
保水层
防水层

1.屋顶种植绿色植物,土壤和植被能有效吸收阳光热量,生态屋顶夏日白天温度比传统屋顶低约30%。
2.冬天,绿色植被则能起到隔离作用,有助于保持室内热量。
3.覆土屋顶有利于排水。绿色屋顶能有效吸收水分,对雨水加以过滤。经过绿色屋顶过滤的降雨变得更干净,重返河流、湖泊和水库,减少污染。
4.覆土屋顶可遮挡紫外线辐射,缓解骤冷骤热和积水损坏屋顶,延长屋顶寿命。
5.覆土屋顶的植被能有效隔声。居民睁开眼睛能观赏绿色景观,闭上眼睛还能享受仿佛密林中的静谧。

图6.13.9　分析图4

生态空调

1.去掉塑料瓶的瓶盖,并将塑料瓶剪成两半;
2.将纸版戳出一个个洞来,洞口和瓶口一样大小;
3.将瓶子的上半部分插到纸板的小洞中固定好位置。

热气流进入瓶子较宽的部分,然后经过窄窄的瓶颈时压力发生变化,气流在进入室内之前就会被冷却。机理图如下:

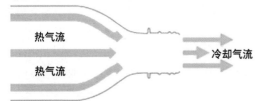

热气流

热气流

冷却气流

由理想气体状态方程可知,
$PV=nRT$
又由查理定律可知,
当n、V一定时,p、T成正比,即$p \propto T$
即: $P_1V_1/T_1 = P_2V_2/T_2$
当热空气流入宽口瓶时,通过细端开口,气压变小,温度也随着降低。

通风井通风技术

利用捕风塔的通风原理，并结合覆土建筑特点，提出了通风井的概念。利用正负风压差，一侧通风井捕风，另一侧通风井出风。风向相反，通风流向亦相反，利用自然风通风，使建筑做到自主"呼吸"而不靠机械设备，绿色环保。

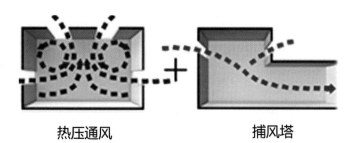

热压通风　　　　　　**捕风塔**

热压通风是利用建筑内部空气热压差来实现空气流动。热空气密度小，由于浮力作用而上升，从而增加了建筑内部的空气对流。

捕风塔开口对着来风方向时，风从通风塔进入室内；通风塔开口背向来风方向时，在背风面开口处形成负压，室内空气排出。

双层呼吸玻璃

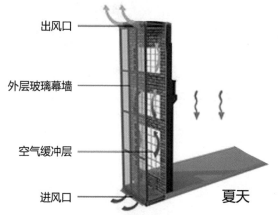

出风口

外层玻璃幕墙

空气缓冲层

进风口

夏天

夏天，上下进出风口打开，利用热压差及高度差在两层玻璃之间形成的空气缓冲层进行呼吸式通风，降低室内温度。

冬天

冬天，上下进风口关闭，空气缓冲层形成自然的隔热保温层，抵挡冬季北风，为室内保温。

图6.13.10 分析图5

6.14 示范工程

平面图

　　该农宅功能房间坐北朝南，平面布局沿着院落东西方向的最大尺寸展开，依据户主对功能分区的要求进行设计，满足一位老人和多个子女共同居住的平面空间，既分离又联系。农宅是采用基于空腔聚苯模块混凝土剪力墙结构的装配式保温与结构一体化技术建造。

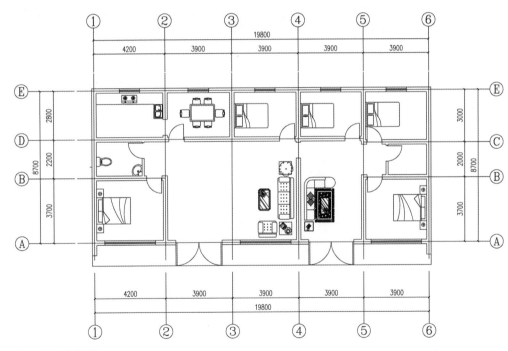

图6.14.1 平面图

立面图

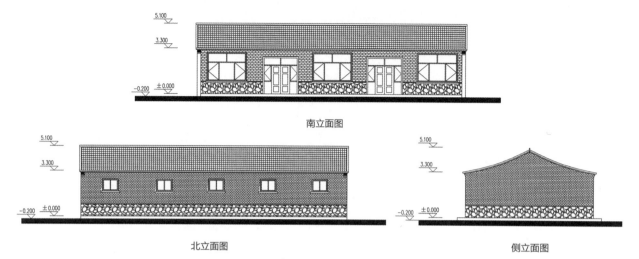

5.100
3.300
-0.200 ±0.000

南立面图

5.100
3.300
-0.200 ±0.000

北立面图

5.100
3.300
-0.200 ±0.000

侧立面图

图6.14.2 立面图

总平面及流线图

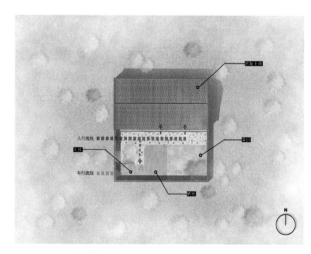

图6.14.3 总平面及流线图

前期分析图

地　　点：宁夏回族自治区中卫市刘营村附近

海　　拔：1195.1m

经纬度：37.450382°N，105.103671°E

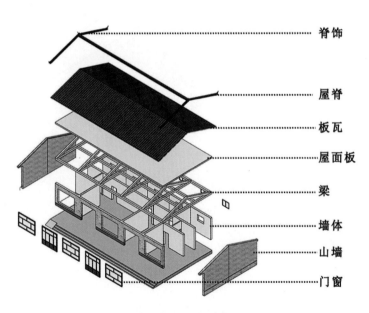

180m²示范住宅建筑结构示意图

图6.14.4　前期分析图

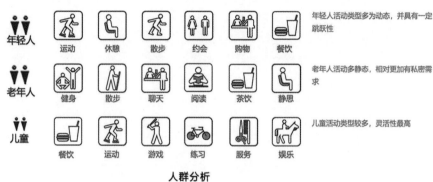

年轻人：运动、休憩、散步、约会、购物、餐饮。年轻人活动类型多为动态，并具有一定跳跃性

老年人：健身、散步、聊天、阅读、茶饮、静思。老年人活动多静态，相对更加有私密需求

儿童：餐饮、运动、游戏、练习、服务、娱乐。儿童活动类型较多，灵活性最高

人群分析

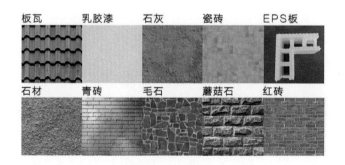

180m²示范住宅建筑材料使用示意图

功能分析图

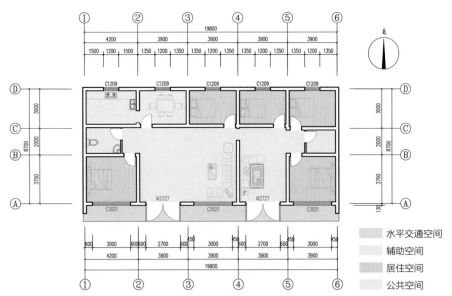

图6.14.5 功能分析图

水平交通空间
辅助空间
居住空间
公共空间

空间结构分析图

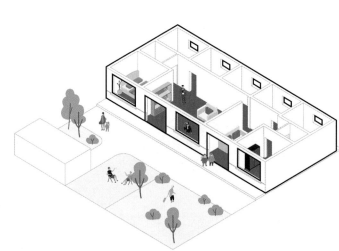

图6.14.6 空间结构分析图

立面图

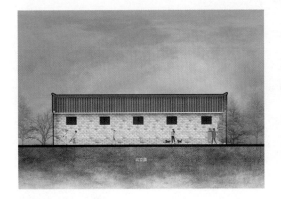

图6.14.7　立面图1

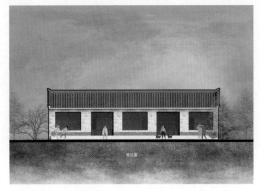

图6.14.8　立面图2

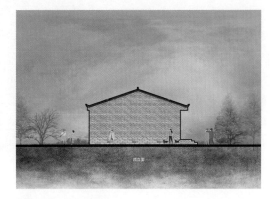

图6.14.9　立面图3

效果图

图6.14.10　效果图1

图6.14.11　效果图2

施工现场

图6.14.12　施工现场1

图6.14.13　施工现场2

图6.14.14　施工现场3

图6.14.15　施工现场4

[1] 李嘉政. 以实施为导向的村庄整治规划研究——以安徽省亳州市涡阳县牌坊镇周桥村为例 [J]. 安徽建筑, 2021, 28（5）: 9-10, 21.

[2] 杨晓娟, 赵柏伊, 李明磊. 基于"三生"空间协同发展的县域乡村建设规划编制研究——以山西省平陆县为例 [J]. 中国名城, 2021, 35（4）: 66-74.

[3] 袁庆. 构建乡村治理体系的思考 [J]. 甘肃农业, 2021（9）: 28-32.

[4] 冯军云. 党建引领下农村治理精细化与智能化研究 [J]. 科教文汇（下旬刊）, 2021（2）: 1-5.

[5] 陈磊, 邓雅杰. 乡村治理现代化初步探析 [J]. 新西部, 2019（21）.

[6] 袁方成, 杨灿. 嵌入式整合: 后"政党下乡"时代乡村治理的政党逻辑 [J]. 学海, 2019（2）: 2-3.

[7] 李淇, 秦海燕. 乡村治理现代化视域下"村两委一肩挑"模式研究 [J]. 河南科技大学学报（社会科学版）, 2019（04）: 40-45.

[8] 孙哲, 刘飞. 中国共产党乡村治理思想及其未来发展探究 [J]. 陕西行政学院学报, 2021, 35（3）: 24-28.

[9] 李阳. 生活圈视角下乡村"三生"空间规划思考 [J]. 城市住宅, 2021, 28（6）: 201-202.

[10] 刘礼鹏. 我国农村生活垃圾治理现状及其对策 [J]. 环境卫生工程, 2016（6）: 62-64.

[11] 孙滢悦, 黄茹月, 陈鹏, 等. "三生空间"分类及其功能评价——以吉林省为例 [J]. 江苏农业科学, 2020, 48（14）: 298-304+309.

[12] 刘继来, 刘彦随, 李裕瑞. 中国"三生空间"分类评价与时空格局分析 [J]. 地理学报, 2017（7）: 1291-1293.

[13] 张红旗, 许尔琪, 朱会义. 中国"三生用地"分类及其空间格局 [J]. 资源科学, 2015（7）: 1332-1335.

[14] 浙江大学建筑设计研究有限公司. 浙江省村庄设计导则村庄设计 [Z]. 2015（8）: 3-4, 6-7, 10-20, 45-90.

［15］湖北省住房和城乡建设厅. 鄂东南乡村建筑风貌规划设计图集［Z］. 2021，04（8）：3-16.

［16］厦门理工学院. 美丽乡村建设图则［Z］. 2018（02）：7-12，29-35，41-44，59，69.

［17］叶齐茂. 村庄整治技术规范图解手册［M］. 北京：中国建筑工业出版社，2008：7-18，33-59，74-100，152-168.

［18］杭州浙经建筑规划设计有限公司. 盐池县大水坑镇柳条井村"多规合一"实用性村庄规划（2022-2035年）［Z］. 2022（3）：13-14，18，38-39，41-42，46.

［19］杭州浙经建筑规划设计有限公司. 盐池县大水坑镇大水坑村"多规合一"实用性村庄规划（2022-2035年）［M］. 2022（3）：13，38-40.

［20］陈前虎. 乡村规划与设计［M］. 北京：中国建筑工业出版社，2018（11）：26-29，36-38，59-61，83-86.

［21］宁夏回族自治区自然资源厅. 宁夏回族自治区村庄规划编制指南（试行）［Z］. 2020，（3）：41.

［22］宁夏回族自治区自然资源厅. 宁夏回族自治区村庄规划编制管理暂行规定［Z］. 2021，（12）：2-3.

［23］中国工程建设标准化协会. 农村居住建筑节能设计标准［S］. 2011年发布.

［24］中华人民共和国住房和城乡建设部国家质量监督检验检疫总局联合发布. 农村防火规范GB 50039-2010［S］. 2010-08-18.

［25］周辉煌. 新农村住宅室内设计探究［J］. 广东蚕业，2020，54（5）：152-153.

［26］林垒. 建筑防火设计在民用住宅建筑设计中的具体应用［J］. 四川水泥，2021，000（005）：P.311-312.

［27］杨艳，李峥. 新农村建设中节能型生态农宅设计研究［J］. 河南科技，2013（6）：1.

［28］方天宇. 新农村住宅建筑中太阳能采暖技术的应用［J］. 南方农机，2020，51（3）：85.

［29］焦健. 浅谈绿色建筑生态节能设计的要求及其措施［J］. 建筑工程技术与设计，2017（9）：2931-2931.

［30］中华人民共和国行业标准. 农村危险房屋加固技术标准GB/T 426-2018［S］. 2018.

本书撰写者燕宁娜教授、王晓燕教授、赵振炜教授级高级工程师长期以来从事宁夏人居环境与村庄规划、传统民居相关工作，多年来深入各市县展开传统村落与乡土建筑的调研与测绘。燕宁娜教授从硕士论文到博士论文，研究方向始终锁定在宁夏传统聚落、乡土建筑的研究上，主持两项国家自然科学基金项目及多项省级科研项目，出版专著《宁夏清真寺建筑研究》、《中国传统民居类型全集》（宁夏民居类型部分编撰）、《宁夏西海固回族聚落营建及发展策略研究》、《宁夏古建筑》、《中国传统聚落保护与研究丛书 宁夏聚落》，为本书的撰写奠定了理论与实践基础。

对于宁夏乡村规划的相关研究仅限人文地理、乡村规划从宏观政策、区域经济、生态环境等角度展开的研究成果，建筑学领域对绿色农宅设计实例的零星论述，很难直接指导乡村规划整治和宜居农宅设计实践。《宁夏乡村规划整治与宜居农宅设计图则》的撰写，整合了笔者多年来对宁夏传统聚落、民居营建智慧的总结和梳理。同时，针对宁夏乡村规划、建设长期存在的问题，结合当代建设宜居宜业和美乡村需求，采用"以人为本""生态优先"的理念提出乡村规划整治策略及宜居农宅设计方案，以期为宁夏建设宜居宜业和美乡村提供支撑。

在本书的调研、撰写过程中，得到了宁夏住房和城乡建设厅、宁夏大学、宁夏图书馆、各市县住建局及各村委会的大力支持，在此表示衷心感谢！

参加本书资料与测绘图整理工作的除了本书编著者外，还有我的同事胡思斯、刘佳、王润山老师，硕士研究生王充、林丁欣、刘翔宇、张茂正、商立宏、袁宜红、王纪荣和沙小霞等同学，感谢大家为本书前期调研的付出！感谢宁夏大学建筑学、城乡规划专业本科生金一鸣、刘明、张翔、买瑞、李佳欣、江歆琪、李昱甫、刘生雨、郭鑫、杨熙等同学在本书方案图纸绘制、渲染图设计等方面的辛勤付出！

非常感谢为本书付梓花费大量心血的杨晓编辑、唐旭编辑！

2023年2月于银川

图书在版编目（CIP）数据

宁夏乡村规划整治与宜居农宅设计图则 / 燕宁娜，
王晓燕，赵振炜编著. —北京：中国建筑工业出版社，
2023.5
ISBN 978-7-112-28676-8

Ⅰ.①宁… Ⅱ.①燕… ②王… ③赵… Ⅲ.①乡村规
划—研究—宁夏②农村住宅—建筑设计—研究—宁夏
Ⅳ.①TU982.294.3②TU241.4

中国国家版本馆CIP数据核字（2023）第074091号

　　本图则包括规划篇和农宅篇，对宁夏乡村建设进行了广泛深入的实地调研和美丽乡村规划文本、说明书、图纸等的详细研究，汲取了近年来西北地区特别是宁夏本地乡村建设的实践经验和科研成果，基于当地乡村实际现状与特质，力求集技术性、直观性、易读性为一体。
　　本图则能够为乡村规划设计者、农宅设计人员、基层村镇规划建设管理人员、村镇建设技术管理人员提供参考，同时可以作为农村工匠培训参考教材。

责任编辑：杨　晓　唐　旭
书籍设计：锋尚设计
责任校对：王　烨

宁夏乡村规划整治与宜居农宅设计图则
燕宁娜　王晓燕　赵振炜　编著
*
中国建筑工业出版社出版、发行（北京海淀三里河路9号）
各地新华书店、建筑书店经销
北京锋尚制版有限公司制版
北京中科印刷有限公司印刷
*
开本：787毫米×1092毫米　横1/16　印张：8¼　字数：193千字
2023年6月第一版　　2023年6月第一次印刷
定价：**68.00**元
ISBN 978-7-112-28676-8
　（40864）